你吃过的苦，总有一天会笑着讲出来

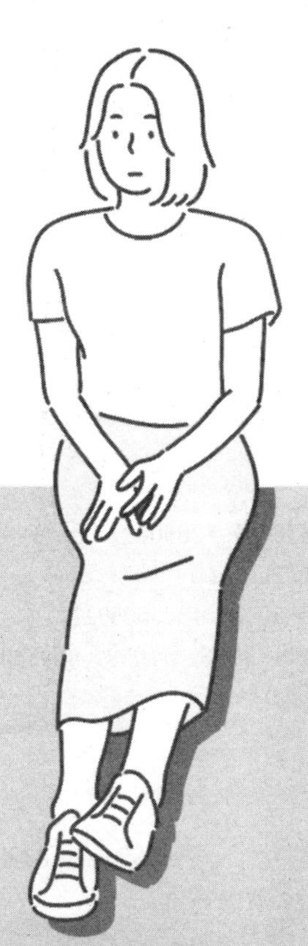

马小聪 著

青岛出版社
QINGDAO PUBLISHING HOUSE

图书在版编目（CIP）数据

你吃过的苦，总有一天会笑着讲出来 / 马小聪著. —
青岛：青岛出版社，2020.4
ISBN 978-7-5552-8497-0

Ⅰ. ①你… Ⅱ. ①马… Ⅲ. ①成功心理—通俗读物
Ⅳ. ①B848.4-49

中国版本图书馆CIP数据核字(2019)第200410号

书　　名 你吃过的苦，总有一天会笑着讲出来
著　　者 马小聪
出版发行 青岛出版社
社　　址 青岛市海尔路182号（266061）
本社网址 http://www.qdpub.com
邮购电话 010-85787680-8015　13335059110
0532-85814750（传真）　0532-68068026
责任编辑 李文峰
特约编辑 崔　悦
校　　对 耿道洋
装帧设计 蒋　晴
照　　排 李红艳
印　　刷 三河市良远印务有限公司
出版日期 2020年4月第1版　2020年4月第1次印刷
开　　本 32开（880mm×1230mm）
印　　张 9.5
字　　数 180千
书　　号 ISBN 978-7-5552-8497-0
定　　价 39.80元

编校印装质量、盗版监督服务电话　4006532017　0532-68068638
建议陈列类别：畅销·励志

目录

CONTENTS

第二辑

目录

CONTENTS

第四辑

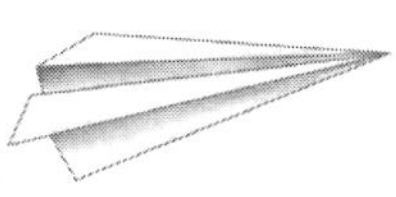

目录

第五辑

第一辑

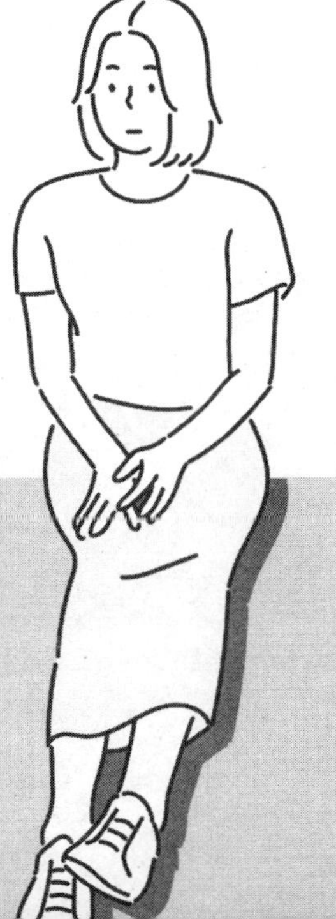

你吃过的苦，
总有一天会笑着讲出来

你不折腾，哪能对得起大好青春

01

春节放假回家，我又是那个早早就回到“安乐窝”的孩子。放下行李，我掏出手机，第一时间想的是给朋友小李打电话问问她什么时候回家过年。

拨通电话后，我听出小李的声音多了些许沉稳的感觉。我问她啥时候回家，她说她最近在实习，工作量大，年前有实习生转正的考核，工作要紧，回家的时间可能要延后吧。

小李是个聪慧的姑娘，原本在大学毕业后自己开公司当了老板，却不料经营过程中因为质量和服务水平上的不足，外加自己的资金不够，导致公司始终无法正常运营。

创业失败后，小李加入了别人的团队，每天早出晚归，经常通宵加班，好在公司的发展有了很大的进步。后来由于利益上的纠纷，小李和那个团队的人不欢而散。

现在，小李跑去上海，开始给别人打工，没日没夜地把精力消耗在工作上，脑子里只想着要转正、升职、加薪。

我问小李："你为什么要把生活过得这么累？"

她说："我要的东西都很贵，想去的地方都很远，不折腾，不让自己变优秀，凭什么让优秀的人看上我？"

去年春节小李跟我说："我虽然是女孩子，但也有自己向往的生活方式。安逸的生活确实舒服，但人生很短，不折腾几下，热血实在难凉。"

她想做自己喜欢的事情，哪怕头破血流，最后一无所有，也总比碰壁之后才知道努力的人要好很多。

小李还年轻，有大把的时间可以去努力和运作。不认输、不畏惧、不言败，这不正是当下二十出头的年轻人应该有的模样吗？

02

我挂了小李的电话后，收到一条微信消息，是D先生发给我的。他说他很迷茫，马上就要毕业了，感觉自己什么也不行，去大城市发展怕受气，回老家又怕被亲朋好友看不起，不知道未来的路该怎么走，问我应该怎么办。

其实，迷茫是再正常不过的事了，当你的才华撑不起你的野心时，当你的能力驾驭不了你的目标时，就会出现所谓的迷茫。

于是，我沉思良久后回了一句：努力走好眼前的每一步，前面的路自然会出现。

我经常对别人说的一句话就是：你之所以感到迷茫，是因为读的书太少且想得太多，想得太多而又做得太少。

二十几岁的我们，正在读书或者刚刚毕业，什么都没有，却又什么都想要，可偏偏怕输，总是想很多却从不开始行动。

倘若你不尝试着挑战自己，你只能一辈子活在别人的阴影里，低声下气地为别人做事。

前段时间，我看了杨澜采访段奕宏的节目视频，视频中吸引我注意的是杨澜的一句话。她说，当你成功的时候，很多人会说你成功是因为具备某些条件，但如果你不成功，就根本不会有人注意你。

o3

昨晚跟姑妈视频通话，见她又在看书学习，我揶揄道："你都四十多岁的人了，历经人生沧桑，看尽世间繁华，怎么还要静心去学习呢？你真不会享受生活！"

姑妈回复我："活到老，学到老。社会更新很快，你不对自己狠一点儿，不逼自己一把，不尝试着去改变自己，难免会被社会淘汰。物竞天择，适者生存。"

她告诉我，这个社会上优秀的人对自己都狠，有权有钱的人每天都在看书学习，让自己的大脑汲取养分。倘若他们停下步伐，坐以待毙，那么现实对他们会更狠。

听了姑妈的一番话后，我也想了很多。大学毕业生找不到工作、职场"小白"一个月换六次工作……之前我们总觉得是社会对我们要求太高，现在换个角度想想，其实是我们太心疼自己，不舍得用刚长硬的翅膀去外面扑扇几下。

有些父母认为，毕业之后去大城市打拼没什么前途，还不如回家安安稳稳地考公务员。为此他们给孩子买了各种参考书，动用了各种人脉。

很多人在背后说，你学那个专业毕业之后不好就业，很难找到工作。于是你回到自己的老家，开始备战事业单位的招聘。

七大姑八大姨也纷纷议论道，处一个异地男朋友很难有结果的，毕业之后回到家乡,两人还是会分手,找到工作以后再开始谈婚论嫁吧。

这么说来，我们的人生似乎永远活在别人的眼里，所有的悲欢离合、爱恨情仇只不过是别人嘴里的过往与未来!

04

人总是喜欢过安逸的生活，事情选择简单的，距离选择最近的，每个人看似很聪明，都会选择舒服一点儿的方式，让自己过得开心。

可是轻松的时间里，我们不敢对自己下狠手，不尝试着逼自己去拼一把，到头来生活只会给我们一巴掌，让我们痛得无力招架。

有时候努力真的很可怕。谁没有恐惧过？谁没有失败过？谁没有苦恼过？只要踏过这一关，你就离胜利不远了。坚持自己的信念，只管一心一意地扑上去。

在自己认准的这条不怎么好走的路上，即使泪流满面，我们也要义无反顾地走下去……

趁年轻，多折腾，你才不会辜负大好青春。

我不敢告诉别人我在努力

01

我的大学同学 Q 小姐每天都超级有目标，知道自己想要什么、不要什么，她是那种在所有人眼中特别勤奋的人。

她基本每天都忙于学习。每天她第一个起床，最后一个睡觉，过着教室—食堂—图书馆“三点一线”的生活。不只是我们宿舍，整个年级的人都知道她在各方面很努力。

她的努力我们都看在眼里。每次一到关键时刻我们总会有“这次考试的前三名一定有她”“院学生会主席非她莫属”“她肯定能轻松考过英语四六级”等认知性错觉，但结果总是令我们猝不及防。

后来很多人直言不讳道：“你看你平时那么积极努力，怎么最后什么都没得到？考试没通过就算了，学生干部居然都能落选？”

另一个同学说道：“我这个平时在寝室里躺着的人都过英语四六级了，你天天熬夜学习，早起晚睡一直背单词，到头来啥都没过，真滑稽！”

她尴尬地低下了头，小声嘟囔道：“我平时没怎么学啊，如果努力学就不会落到现在的境地了。”

其实她真的努力过，但不敢承认，因为没有收获的努力只会给她带来莫名的悲伤和无止境的嘲笑。

02

我还有一个朋友老 A，她每天吊儿郎当，看似无所事事。她有一拨儿酒肉朋友，“K 歌”、上网、逛夜店占据了她大部分的生活时间。老 A 经常旷课，我从未看到她真真切切地努力过，然而就这样一个在别人眼中看似自暴自弃的人，却总在考试的时候脱颖而出，让同学们目瞪口呆。

很多人在背后议论：“老 A 考试作弊了吧！”她那些名次考倒数的朋友也很不爽，吐槽道：“她是不是私下里偷偷努力学习了，还不让我们知道？”

面对这些质疑，老 A 总会谦虚地回答："没，哪有啊，我只是运气好而已，考试刚好碰到会做的罢了。"

承认自己努力，有多难？哪里来的那么多运气，分明是自己默默地拼尽了所有。

有的人就是这样，你要是比他们努力，成绩却没他们好，他们就说你智商有问题；你要是没他们努力，成绩却比他们好，他们就说你偷偷努力、耍心机；你要是比他们努力，成绩还比他们好，他们就说你爱装、爱显摆。这个社会并非所有人都希望你过得比他们好，因此，你选择在众人背后默默地努力，也不失为一种奋斗的方式。

很多人不想让别人知道自己在做什么，其实就是怕被别人知道自己的目标，以致在自己还没取得一个好结果时，耳旁便吹来阵阵嘲笑和讽刺声："你看，你每天都比别人勤奋努力，还考那么差，有什么用？"

03

我仍记得有段时间，在写作上我一无所获，唯独保留对写作的一股热情。我很少跟他人讲心里话，因为有记日记的习惯，因此一般仅把每天发生的事情跟日记本倾诉倾诉，这就够了。

当年，我曾很认真地跟一些人说过我写文章这件事，没过多久我便听到外面谣言四起：

“你知道她吗？特别古怪，一句话不讲，每天就知道写、写、写，又不赚钱，显得自己多厉害似的。”

“每天写那些有什么用？还谈什么伟大的梦想，真是搞笑！如果有人能欣赏她的文字，那我再过一年就是大老板了！”

“她就是一个大梦想家，活在自己的世界里！”

从那次之后，我再也不向任何人说出我的小想法。

那一段默默无闻的岁月里，我边看书边写笔记，边读报边写总结，直到后来省级刊物上刊登了我的文章。

其实有的人就是看不惯别人努力的样子。一旦努力的人有所进步，他们就不甘心，于是在背后诋毁谩骂那个努力的人；倘若努力的人一无所获，他们就会窃喜，甚至嘲笑对方是超级无敌大傻瓜。

有一段“毒鸡汤”是这么写的：你之所以不好意思告诉别人你看了很多书，就是因为怕别人说“你看了这么多书，还不是跟我们一样”。

就是因为这样，很多人选择默默地努力，不让别人知道，直到他们登上最耀眼的地方。

04

之前我的普通话特别不好，是那种前后鼻音不分、平翘舌音不分、张口就来一串土话的女生。

很多人嘲笑我，说我连话都讲不明白还学传媒，说我连一句不到十个字的话都能发错音，说我普通话说不好以后找工作就是瞎扯……

真的，现在想想当年他们说的话，我总会有一种要是普通话说不好整个人都要废了的感觉。

于是我练了一年的普通话，虽然不算发音标准、字正腔圆，但也可以给人听觉上的享受。

我把我练习的成果展示在了播音课上。有一段时间，每周五我就会说一分钟的演讲词，学妹们评论道：“普通话很标准，声音很甜美！”听到这样的评价，我总会很兴奋。

隔壁寝室的一个朋友听了我的演讲后说：“你的普通话进步好

多啊，我每天跟你在一起，没见你去学习和研究啊！”

我跟她说，努力不一定要在人前，也可以在人后。你在背后努力，别人看不到就不会议论，更不会讽刺。

其实，人活一世，总免不了被人指指点点。“木秀于林，风必摧之；堆出于岸，流必湍之；行高于人，众必非之。”努力地往前走，别人说得越狠，你应越坦荡。

当你登上顶峰，试图俯视曾经嘲笑、讽刺你的人时，你会猛然间发现，那些人早已不见踪影！

你经历的苦难，终有一日会被你笑着讲出来

01

朋友 D 小姐最近在减肥，节食、运动，已经坚持四十五天了。

我和朋友聚餐的时候还谈起她，我们都觉得 D 小姐很厉害，能吃苦、懂坚持，她想得到的东西，最后都会拥有的。

她很理性，永远知道自己想要什么。在我们眼中，她无论何时何地都在扮演一个无所不能、无所畏惧的女战神，什么都不怕，也什么都敢做，时不时还会为我们挺身而出。

我很难想象，像她这样一个人，有一天却突然给我发信息说：“我

不想减肥了，太难了，我想放弃了。”

其实我也经常会有对某件事坚持不下去的时候，但是我总能给自己找到坚持下去的动力和理由，死撑到最后，逼迫着自己，即使泪流满面也要一步步前行!

D小姐最后对我说：“我坚持快两个月了，没有一点儿效果，或许像我这种天生肥胖的人很难减下来，哪怕喝口凉水，体重都会噌噌地往上蹿。”

我们都没想过她会放弃。该努力的时候，我们都不情愿去做，总觉得自己已经付出太多；而谈回报的时候，我们总是不满足，觉得上天对我们很不公平，我们吃了这么多苦，可还没看到一丝希望。

其实，世界上大多数人是迷茫的，大家向往着在陌生的尘世里，有一份鼓励是为自己而存在的。

02

我想起我的一个表哥，他在进大学的时候就有了出国留学的计划，那时决定努力地学习英语，每天五点半准时起床，七点出门朗读英语，坚持了整整四年。

每一个人都不太理解他为什么要那么拼命，他学的并非英语专业，却阅读了上百本英文书籍。我当初问过他坚持下去的原因。他说:

“大学期间，你觉得上网打游戏和学知识哪个更实用？”

的确后者更实用，所以他现在可以享受英文带给他的乐趣，可以读原著、看无字幕美剧，有一帮来自世界各地的小伙伴，还可以自由洒脱地去国外旅行。

这些快乐，都是他当年不计回报地投入全部精力换来的。

时间是最公平的，日复一日地坚持自己的理想是最有质感、最具魅力的一件事情。你投入的精力越多，得到的回馈就越多。

哪怕有很长一段时间，你的努力会像投入深井的石头，悄无声息、毫无回馈，你会看不到希望，可只要你投入的精力足够多，时间总会给予你意外的惊喜。

看着表哥一路努力走到今天，我着实为他感到开心，更从他的经历中真切地感受到时间的力量。

也许你并不想成为活得熠熠生辉的人，只想安心稳妥地过完这一生，但只要你对生活有更高的要求，你就要持续付出更多精力。

03

美好的结果，总让人艳羡，可每一次的苦头，并非人人吃得了！

我的一个堂姐是家里的独生女，在我幼年的记忆中，她永远奔波在去各种补习班的路上。

每一个双休日，她都要去上各种补习班，属于那种没有童年的孩子。

堂姐的成绩一向很好，在班里一直名列前茅，可以说她处于那种我只能仰望却永远达不到的高度。

我以为她会不愿意过那样的日子，有一次我问她：“姐，你觉得这样累吗？”

她说：“人生来就是累的，根本没有人是轻松的，我只是尽力把事情做得更好而已。”

高考结束后，堂姐考上了省重点大学。

大学期间，她成了学生会主席，数次获得奖学金，毕业那年成了党员，并找到一份很好的工作。

这样的生活是她自己努力得来的，她应该拥有精彩的人生。

我们只有坚持不懈地读书、学习，才能避免被社会淘汰。未来总有那么一天，当你回望走过的路时会发现，正是那些曾经的苦难成就了你的辉煌。

04

你的优秀和强大，足以让你拥有自己想要的生活。

安东尼说："很多年以后，当你回忆过去，我敢保证那些好极了和糟透了的时刻，你都会记不清了，唯一真实和让你骄傲的是你挺胸抬头走过的人生。"

我想，等你拼搏、努力了，你也会成为那个有故事且富有正能量的人。很多人向往着成为有故事的人，殊不知，你所向往的故事也许正是别人坎坷的人生，那里面有痛苦和眼泪，也有成功和喜悦。

继续努力直到你无能为力，不管现在站在哪里，看着前方，有光的远处就是希望！

你经历过的苦难，总有一天会让你的未来闪闪发亮。

你还年轻，怕什么失败

01

步入 5 月，周遭的朋友都在就业和考研的路上奔波，我却渐渐陷入迷茫的深渊。我曾日夜思虑，可能有一天我真的会浑浑噩噩、庸庸碌碌至死。

我最近看了一则动画短片《坠楼》，挺有感触的。短片讲述的是一位老爷爷在楼顶浇花，不小心坠楼，在身体疾速下降的过程中，脑海中浮现他一生中的红尘往事。二十岁前，他生活得多姿多彩；二十岁后参加工作，每天做着同一件事情，一过就是几十年。

所谓的人生，只不过是把每天的生活复制粘贴罢了。

原来自己活到二十岁左右就死了，而后的日子靠模仿自己而生活，像行尸走肉一样苟延残喘……

02

最近一周，我陆陆续续收到很多大学朋友的入职消息，她们在北京、上海、深圳、长沙等城市中奔波，有的连工资都没有，为了最初那不值钱的梦想，甘愿接受现实的洗礼和摧残。

她们说，有痛，至少证明她们还活着。

另外一些朋友选择考研，在学校报班学习，连暑假都没有。每天回到寝室就自己一个人，四周空荡荡的；每次背完单词总感觉脑细胞濒临死亡；一天天翻着考研倒计时的专属日历……

她们知道二十岁后的自己想过什么样的生活，更清楚未来的自己能够成为什么样的人！

其实，我身边还有这样的人——没有主见，别人说什么就是什么，喜欢模仿别人的生活。别人考研我就考研，别人工作我就工作，别人计划毕业结婚，我也要找个结婚对象，只要跟随大众，路总错不了，失败的概率小、风险小。

你还年轻，怕什么失败？！

你才二十岁，干吗模仿别人的人生?

这些天我渐渐明白，一辈子很长，总要做些连自己都目瞪口呆的事情，不管对错，至少我爆发出了勇气。

我才二十二岁呀，可以活出任何一种自己想要成为的模样。

我拼命读书、写作，发现这才是我真正热爱的事。

虽然有时候别人说我孤僻，说我活在自己的世界里，但我至少在为自己喜欢的事情坚持!

o3

自从开始写作以来，我常常会想：自己到底得到了什么?

我放弃了追剧、打游戏，扔掉了浮躁和虚荣，放了朋友无数次鸽子。我究竟是为了什么?

在很多个万籁俱寂的夜晚，写不下去的时候，我就开始想：自己要成为一个什么样的人?

我小时候很想成为一名作家，像刘瑜那样有思想、有内涵，“让自己活得像一支队伍，能够对大脑和心灵招兵买马”。

《孤独小说家》里有句名言，十年前的梦想，如果还没熄灭，就让它永远燃烧吧。

弄清楚自己想要的东西，然后为了得到它一直默默地努力吧！

人的一生真的很短暂，等快到尽头时，回过头看曾经走过的路，你便会发现，呵，这一生就这么过去了。

我问爸爸妈妈那一代人：“在年轻的时候，你们有没有目标和规划？是不是有很多人不知道自己想要什么，庸庸碌碌地过完一生，随波逐流？”

他们说，谁都年轻过。年少轻狂的岁月，在分岔路口，每个人的选择不同，难免会出现截然不同的生活方式。

蓦然回首，有的人步步高升，功成名就；有的人则发现自己从原来的热血少年一步一步地走向平庸，一辈子也就那样过完了。

有的人努力到无能为力，每走一步都脚踏实地，却从没想过自己究竟喜不喜欢这件事，未来的路在何方，什么时候该坚持，什么时候又该放弃。

我认识不少写作圈的哥哥姐姐，有一半已经停更了。我们私下里聊过，我问他们为什么不再更文、不再写作了，他们说太累了，不想写了，怎么写都不火，所以放弃了。

可是你还那么年轻，还有大把时间等着你去创造辉煌，为什么要那么急功近利？

我想，每个写作者的初衷都不是一味地贪图名利，而是因为满腔的热爱才走上这条漫长的路。

我不甘心就此偷懒，也不曾想过要拿我热爱的事去获取战利品，我只单纯地想写出我的故事。

04

我私下采访过很多优秀的大学生，有创业成功的，有年年获得市级、省级奖项的，有保研、出国留学的……

我很关注他们，想成为像他们一样的人，在二十出头的年纪，充满渴望，热情澎湃。

这些人里，有的不甘，不愿意就此与柴米油盐的平淡生活为伴；有的不服，凭什么别人就比我过得好，我为什么不能像别人那样过得好，别人可以做到的事情，我为什么不可以；有的想要证明自己，他们曾经被别人的言语和嘲笑刺痛，下定决心一定要活出个样儿给众人看看，证明自己不是糊不上墙的烂泥。

他们学会了坚持，从不轻言放弃，从不模仿别人的生活，整个人充满了生机！

未来自己过得好与不好，与别人无关，因为那是我们自己的选择。

成长是个勇于挑战、不断尝试的过程，若还没好好经受风雨就退避到港湾里，太可惜了。

“大部分人在二三十岁时就死了，因为过了这个年龄，他们只是自己的影子。此后的余生则是在模仿自己中度过，日复一日，更机械、更装腔作势地重复。”

我还年轻，不怕失败。

向前跑，迎着冷眼和嘲笑

01

你跟我说，你想要在大学好好发展，但害怕同学在背后说三道四，害怕自己做的每一件事情都不尽如人意。三年过去了，仅一个微不足道的“害怕”，让你至今仍旧一事无成。

你毕业后想回自己的家乡工作，回到那座无压力、亲和感极强的小城市，可又害怕身边的朋友说你胸无大志，没有远见，不敢去大城市闯荡。

你的梦想是当一名作家，想经历很多事，与很多人的故事，可是在追梦的过程中怕被别人嘲笑，于是迟迟未动笔……

我们呢，总会因为别人的目光把自己搞得狼狈不堪，因为心中太在意别人的看法、害怕别人的嘲笑和诋毁，于是迫使自己去做我们不喜欢做的事情，可结果往往事与愿违。

你想要活成自己喜欢的模样，但总担忧别人会说什么，于是只好停滞不前。

一个人随波逐流，毫无主见，注定一事无成。

02

上大学时，我认识这样一个人。

K 先生披着过肩的金色发丝，每天身穿黑色风衣。他在人群中时常是最受关注的那个，还会被人调侃为“最有范儿的艺术家”。

同班同学总拿他的长头发当话题，可他从不计较。他内心会不会自卑我无从知晓，但我知道，他根本不愿把有限的时间拿去在乎别人的看法。

我自己的路，我知道该怎么走，不会被你们的嘲笑和讥讽左右，即便你们对我的指摘如波涛般汹涌，我自云淡风轻地一笑而过，这也许就是他一贯的处事风格吧！

K 是技术宅男，对电脑程序有深入的研究。那些程序语言在我看来是“我叫你一声，你连看都不看我”的陌路人，而到了他那里就像久违的朋友，有心照不宣的默契。以前我总以为，他是世上罕见的“奇葩”，直到后来我才了解到，他心中装着一个构建了七年的梦想，一直在为之奋斗。

我听朋友说，K 从小就学电脑程序。到了高中，虽然课业繁重，可他“沉溺”于电脑程序中无法自拔，对此 K 的父母坚决反对，把电脑都砸了。为了这事，他和父母大吵一架，离家出走了。临走前他还写了字条放在桌上：“你们砸的不仅是电脑，还是你们儿子仅存的梦想和信仰！”

我们只看到他在大学拿奖拿到手软，却从不知道，在那些不为人知的岁月里，他是如何倔强地咬着嘴唇，抵抗着嘲弄，一个人默默地用双手支撑着自己摇摇欲坠的梦想的。

没有多少人能从不被理解、不被认可坚持到闪闪发光、举世瞩目，被世人所看到。人们只看重结果，而真正奋斗的历程，唯有自己知道。

在前行的路上，最难的不是解决一个又一个问题，而是在解决问题的过程中选择继续还是放弃。

浮躁的社会中，绝对视死如归地追随梦想的人少之又少，比你厉害的人，往往拥有一份坚定不移的信念。

03

我仍记得去年的时候，我的一个小读者说，他有一个明星梦，但不敢公之于众。他曾和最好的兄弟聊过此事，没想到换来的却是嘲笑和讽刺；他也和父母交流过，但父母坚决阻止的态度让他无能为力……

他与我说，自己除了一个不值钱的梦想，一无所有。

没有家人的支持，伴随着好友的质疑和嘲弄，尽管身心疲惫、泪流满面，他却早已没有了退路，只能坚持走出属于自己的一片蔚蓝天空。

这几天他又联系我了，说自己在外接了很多片子。他告诉我，这段时间虽活得很累，但是很欣慰，自己每天早起晚睡，练功读词，看了大量话剧、剧本，从中找到了不一样的自己。

他还跟我说，拿到第一笔网剧片酬时，他觉得自己的整个人生都绽放了。

也许每个人从平凡走到成功的背后都有一部催人奋进的血泪史吧。

是啊，没有伞的孩子在下雨时只能向前奔跑。

我从不认可笨鸟先飞的说法，但我一直坚信笨鸟迟早有一天会展翅高飞！

倘若你身边也有那种没有天赋却从不向命运低头的人，你可以说他们倔强，也可以笑他们愚蠢，但请你尊重他们的努力。

04

其实，所有事情都是说得容易，想得简单。你从小说到大的梦想，若只是顺嘴一说，却不为此付出行动，那就只不过是你自以为是的幻想。

我希望我们能多保留一点儿时的霸气和轻狂，勇敢追求自己的未来，当你在谈及梦想时，不再只是顺嘴一说。

这个世界上并不存在感同身受。如人饮水，冷暖自知。在我们看不见的地方，总有一些人在铆足了劲努力。

你的努力不必告诉任何人，也没有必要让别人看见，你更不必在意那些躲在某个角落等着看你的笑话的人，就这样撑着一口气不妥协，终有一天，希望之门会打开！

就像歌词里唱的那样：

向前跑，迎着冷眼和嘲笑，
生命的闪耀不坚持到底怎能看到，
…………
与其苟延残喘不如纵情燃烧吧，
为了心中的美好，不妥协直到变老。

我想再努力一点，哪怕只是一点点

01

我回到家后，看见妹妹很沮丧地坐在床头，手里拿着一张皱皱的成绩单。她看见我走到门口准备进去，下意识地将那张成绩单往身后藏，并用很委屈的小眼神看着我说："姐，为什么每次考试我的成绩和名次都是一样，我多么想进步一点点。"

我妹自从上了高中后，成绩一向很稳定。由于家教比较严格，她在学校总是刻苦读书，很少和同学一起嬉戏玩耍，空闲时间就去背几个单词、做几道练习题，或向老师请教一些问题。

她很努力，努力想要成为最好的学生。但每次考试后一成不变的名次总会给她重重一击。一到出成绩那几天，她就会变得异常紧张、心慌，害怕自己没有进步，害怕总是战胜不了自己。

她说："为什么我只能当第二，第一永远是别人的？我要再努力一点。"

在我看来，也许她不是人人羡慕的第一，但只要她一直走在追逐第一的路上，每天都能进步一点，超越自己一点，就很了不起。

正如教育家苏霍姆林斯基所说的，战胜自己是最不容易的胜利。

02

我有将近两个月没见过小桂了。9 月份聚会时大家聊起将来的规划。身边一部分朋友选择去上研究生，说自己还年轻，还不着急就业，能学的时候就多学一点，为自己赢得一个更高的起点；也有很多人选择了就业，去直面社会和职场的残酷和艰辛。

在那次聚会上，小桂没说多少话，只是喝酒。自从考研落榜后，每次见面他都无精打采的，没有了之前的青春与活力。

没想到昨天在路上我偶遇到了他。跟他闲聊几句后我得知，他最近在大学城附近租了一个房子准备再次考研。还有两个多月就要考试了，从他说话的语气中我能感觉到他身上的压力。

匆匆聊了几句后，我们各自上路，小桂说了一句话，至今仍在我的脑海中挥之不去。

“人一旦有了追求和目标，就会生活得很累。就像爬山，过程中累得满头大汗，心中无数次想放弃，可爬到山顶的那一刻，就像拥有了整个世界。”

03

小桂是我的高中同学，我对他的记忆仍是四年之前的样子，貌似这几年他也一直没变，总是那么上进刻苦、勤奋努力、懂得坚持……

小桂始终知道自己想要什么，上学时，他每天、每月、每年都会给自己定好小目标，在他的桌子的右上角始终贴着一张计划表，我每次看见他时，他手中总拿着单词本或书。

他读过很多书，每次跟他讲话我都能感觉到他身上浓厚的文化内涵，他没什么别的爱好，读书是他最喜欢的事情。

小桂说他大学想学英语专业，以后想当一名翻译官，所以在读书之余，他总是刻苦钻研英语，不是背单词就是做阅读，就那样不厌其烦地一直坚持着。

高考时，他的英语成绩接近满分，之后他如愿去了自己所向往的大学读书。

当时我们都很羡慕他，同样为他高兴，觉得他的人生会一片光明。谁说不是呢？付出和收获是成正比的，成功永远不是一蹴而就的，不是吗？

去年考研，他报的北大，没被录取。最后被调剂到另一所重点大学，他没去，选择了二次备战。

小桂经常挂在嘴边的一句话就是，“好好努力，才有选择生活的权利”。是啊，只要再努力一点，他一定能考上北大。

他一直在路上奔跑着，从未停止，眼中有光，心中有梦，拒绝选择一个差不多的人生。

04

我还记得我减肥那段时间，每天早晚都会去操场跑步，围绕着草坪一圈一圈地跑。

当我跑到第六圈的时候，脑袋里就会蹦出两个小人，一个说：

“都第六圈了，很厉害了，停下来歇会儿吧。”另一个会道：“操场上这么多人在跑，你为什么要停？再跑快一点，马上能超过前面那个人，多跑一圈，就会破昨天的纪录，你能行！”

每次我都会告诉自己，再坚持坚持，再快一点，我能做到的。尽管当时我满头大汗，身体累到虚脱，只想快点停下来，可就因为这点信念，让我坚持到了最后。

人生何尝不是如此呢？有的人因为遭遇了苦难就半途而废，认为前路困苦；有的人越挫越勇，敢于挑战和冒险，最终战胜了自己，满载而归。

其实，我们每天的努力都是在不断地战胜自己，哪怕只有一点点，也是在跟过去脆弱的自己告别。

05

我很喜欢一个叫作《努力一点点》的励志视频，每次看完都会热泪盈眶。

“我追不上他们。”

“没关系。

“努力去超过在你前面的那个人就好。

“那样就可以了！”

从小到大，我妈也是这样对我说的。

运动会上，“再坚持一下，超过你前面的那个人就好了”；

学习上，“再努力一些，争取班级排名靠前一点点”；

参加比赛，“得奖不重要，你只要赶超一两个上次把你甩在后面的人，你就是最棒的”；

…………

她的这些话，只是想让我更快更好地成长。

视频中那个摔倒又站起来、不怕疼、不认输的小孩，何尝不是我们的缩影呢？

一路走来，我们经历了太多的故事，随着时间的流逝，我们选择把过去所有的不堪和艰辛深深地埋在心底，不愿提起，毕竟那是属于自己一个人的故事!

这个故事关于梦想，关于坚韧，关于倔强……

人生的漫漫长路，我们总是孤独地前行着，即使有老师和父母在旁边指引，但我们终究是一个人，未来只能靠我们自己去努力。

每天努力一点点，每天超越自己一点点，即使再疲倦不堪，生活终会露出光芒。

任何时候，永远不要对自己说“我不行”

01

我和 G 小姐走在路上时，她突然冒出一句话：“我不想考研了，我感觉自己不行，肯定考不上，到现在都想不通自己为什么要考研？”

她对我说，自己之前不想实习，也不知道自己能做什么，而当时整个寝室的人都计划考研，于是她也走上了考研之路。

我身边有很多像她这样的人，他们不知道考研意味着什么，也不知道研究生会给他们带来些什么，甚至不知道自己为什么要考研。

记得一周前，我经常听 G 小姐说起，她的同学有的因为备战考研累得住进了医院，还有的受不了备考过程中的心酸和苦痛，坚持不到两个月就学不下去了。

如今G小姐也要放弃了，原因是她感觉自己不行，无论再怎么努力也考不上。

考研的决心和目标尤为重要，倘若你起初只是随大流才决定考研，后期复习生活的折磨只会让你提前“谢幕”。

02

我有很多当初备战考研的同学，现在逐渐退出了这场硝烟四起的“持久战”，转身踏进了工作岗位。

我问过他们，既然当初选择了考研，为什么不走到最后呢？

他们的答案让我颇感意外：

“越学越迷茫，背完知识点，隔天就忘了，复习得很焦虑，感觉自己不行。既然明知自己最后考不上，为何还要苦苦坚持呢？”

“报了‘985’大学的研究生，很多同学早上五点就起来学习，凌晨一点左右才睡觉，我不行，学一会儿就很累，貌似不适合考研。”

…………

我想说的是，才二十出头的年纪，遇事就感觉自己彻底不行了，没有明确目标，甚至一点苦都吃不了，这样的人永远活不成自己想要的模样。

03

若我们自己都不认可自己，又如何指望获得别人的青睐呢？

我最好的朋友小赵跟我学同一个专业，广播电视编导出身的我们除了会写剧本、文案，做广告策划，同时学会了很多技术活。

小赵酷爱这个专业，在没上大学之前就钻研起了 PR、AE、AU、Edius 等软件。他平时很少上课，坚信实践出真知。他对专业的学习要求不是入门，而是精益求精。刚上大学时，他去了一家传媒公司应聘，人家说他年龄小、工作尚早，想让他回学校学两年再去。

可他很倔地跟人家争论道：“我从来没觉得自己不行，年龄不应该是你们不要我的理由，你都没试用过我，又怎么知道我不行？”

那年他上大一，我们还在学校跟着老师学知识时，他就已经开始跟社会打交道。好不容易入了职，工作、上课两边跑，不会就问，不懂就查，虽然很累，小赵却走在了我们这些同龄人的前面。在职场与团队相处的过程中，他学了很多东西，解决了自己的生活费的同时，也增强了专业技能和技术水平。

后来小赵开始自己单干，有课的时候去上课，没课的时候就去外面四处揽活，拍过个人写真集，做过企业宣传片，制作过各种推广活动的视频和文案策划。时间长了，他在我们所在的城市有了一定的知名度。学校附近新开的餐馆、网吧以及健身场所等，都会联系他做宣传海报或制作主打视频。

现在小赵被“爱奇艺”挖走了，团队散伙时他说：“大学时我赚了人生中的第一个十万。任何时候都不要对自己说‘我不行’，失意只是暂时的，并不代表永远。”

小赵吃了很多苦，一路走来受了太多的冷眼和嘲笑，但他知道自己想要什么，认准的目标就算再难实现他也不会向现实妥协。

04

如果三年前连小赵自己都觉得自己不行的话，或许他就没有今天的成就了。

同样，那些在考研途中选择放弃的年轻人，有没有想过，若自己再坚持坚持，或许结果会是另一番景象呢？

有时候我们最大的敌人就是自己，只要跨过自己这一关，对每一件事都怀抱希望和憧憬，我们想要的东西就会在合适的时机里得到。

这世上没有那么多的幸运儿，那些能被名校录取、刚刚大学毕业就月入过万的年轻人，之所以能有突出的成就并非天资聪明，而是他们勇敢地迈出了第一步，坚持在做自己喜欢的事情，永不放弃！

我很喜欢《阿甘正传》里的经典问答。

“你以后想成为什么样的人？”

“什么意思？难道我以后就不能成为我自己吗？”

未来给了我们很多选择，每个选择都有可能创造出一段美好人生，但前提是，无论选择哪一条，我们都要对自己有信心。

还没拼过，怎么能早早认输

01

最近东北的天气很冷。妈妈前天问我："聪，你对未来有没有明确的规划和打算呢？"

说实话，当时我犹豫了，一种前所未有的不知所措瞬间涌上心头。

我喜欢写作，这些年我从中也得到了很多东西，在写作的过程中，我学会了思考与总结，也越发成熟稳重。

前几天我和闺密聊天，她说："我们每个人都有各自的生活！"她在交警支队上班很久了，却从没想过换工作。她相信只要自己再坚持坚持，总有一天会熬成正式工。

我一直以为她衣食无忧，生活没有太大压力，但我错了。每个人其实都有各自的目标，人们都在为自己的选择默默地努力着。

我们总觉得其他人的生活是那么五彩斑斓，但我们也该知道，所有光鲜靓丽的背后，都是含着眼泪的努力与付出。

02

我想起去年在网上认识的一个朋友，他学的专业跟我差不多。前几个月他告诉我，他被湖北电视台录用了，现在在长江云新媒体集团当实习编辑，每天负责更新文章和电视台的节目预告，有时还会外出进行采访拍摄，学到了很多新东西。

他是辽宁人，我问他：“你为什么不去离家近的地方实习？”

他说父母也想让他回家，可大学的生活让他早已习惯了这座城市的生活节奏，家乡发展的速度无法帮助自己实现日益膨胀的梦想，于是他选择了待在外面。

每一个年轻人都对未来充满了向往，但青春是耗不起的，我们要尽早做出自己的选择。他很勇敢，也很独立，对自己未来生活的憧憬和设想让他选择留在了这座城市。

我喜欢像他一样有目标、有想法，并且有充足行动力的人。

他身上有股拼劲，是那种不撞南墙不回头的倔强，是一种不服输的态度。

03

很多人这样问过我："你以后想成为什么样的人？"

我不知道这个问题的答案，但我知道现在我只想做自己。

三年前也有人问过我类似的问题："高中毕业了，你对未来有什么打算？你的梦想是什么？"

我还记得我当时的回答："我想成为像刘瑜那样的人，即便一个人也要活成一支队伍。如果可以，我想靠写作为生，记录不同的人的生活，做好一名倾听者、分享者。"

而现在我没有了当初那种可以肆无忌惮地畅谈梦想的勇气，突然觉得自己当初的梦想好沉重。

面对同样的问题，现在的我只敢委婉地说："我不需要活成一支队伍，那样太累了，我活成一个人就足够了该来的总会来，该是我的东西跑也跑不掉，我只需做好自己就可以了。

04

我不想“飞黄腾达”，也不想“赖在地上”，只想“两脚不离大地，拼命向上生长”。

我最喜欢作者雾满拦江写的一句话，“我也渴望走出去，不断向上攀爬”。

或许我骨子里也有一股倔强的劲儿，所以我一直无所畏惧地勇敢前行着。

很多年轻人挺害怕孤独的，但孤独是成长的必经之路，正如我的闺密所说，每个人都有各自的生活，每个人都在自己的轨迹上发光发热。

年轻的时候，只要我们坚持付出，哪怕只是一点点，未来的生活也会大不一样。

“人是可以改变的，可以强大无比、气势如虹，也可能卑微懦弱、愁苦悲凉。”

还没有拼过，你怎能早早认输？

没有特别幸运，请先特别努力

01

毕业后，T姐选择了创业。她在群里对我们说："明天我的文化公司就要上市了，我好激动又好害怕！"

我看见她发的消息后，顺手回复道："你应该开心才对，你的第一个'孩子'马上就要'出生'了！"

她说自己憧憬了十几年的梦想终于实现了，很感谢机遇对她的垂青，付出了这么多年的努力，自己终于成了小时候梦寐以求的模样。

她还说自己以后的压力会越来越大，害怕一个人会撑不下去，更为公司的前途担忧……

表哥回复了一句：“不会的，勤奋的姑娘越努力越幸运，机遇总会留给有准备的人。”

02

我将表哥的这句话铭记于心，每个人的生活都是靠自己奋斗出来的，人生绝无捷径可走。

我想起了 10 月份认识的徐姑娘，她的本职工作是一名律师，而业余时间她一直在写文章。

我听朋友说，她除了“姨妈”光临的那几天停止码字、专心阅读外，每天最少写一篇文章。说实话，我很佩服那些每天坚持写文章的人，毕竟十个人里只有一两个人能做到。

在这个浮躁喧闹的时代，鲜有人能做到静心沉淀、享受孤寂，那需要强大的自制力去抵抗外界的诱惑，非常不容易。

徐姑娘十几岁的时候，说自己想当作家、想出书，她的好友都打击她，觉得她在做白日梦。现实就是如此，很多时候，当我们决定做一件事情的时候，投反对票的人多得远远超乎我们的想象。

但他们越是不看好我们，我们越要让他们刮目相看，让他们心服口服、目瞪口呆。

就这样，两年的时间里徐姑娘看了两百多本书，写了五十多万字，发表在国家级刊物上的文章有数百篇，其中有几篇被转发到网上，点击率超百万。一时间她火了，很多编辑找上门请她出书，她成了别人口中真正厉害的大神。

刚刚看到徐姑娘在微博上晒出自己的新书的封面，有人在下面评论道："小徐啊，你的命真好，能遇到这样一个好机会，好幸运。"

她回复："谢谢你，好运会垂青每一个努力的孩子。"

其实，生活之所以这么有意思，就是因为有太多的未知性。我们不知道未来会是什么样子的，更无法预测我们的努力是否会有理想的收获。

我们能做的，只有脚踏实地地一步步前行。

如果你已经很努力，但迟迟没有得到回报，千万别着急，一定是时机未到。

03

我的闺密阿苏，如果让其他朋友用几个关键词来描述她，那一定是漂亮、好运、古灵精怪、精力充沛。

高三的时候阿苏总是因为迟到被老师批评，班里最用功学习的人永远不会是她，她最后却考了一所非常不错的大学。

很多人说，她的运气真好！

大学毕业，阿苏第一次考研。在那个千军万马过独木桥一样的考研时代，大多数人充当了数次炮灰也没能考上，她却一次命中，令众人艳羡。

很多人在说，她的运气真好！

三年后，她想回家乡发展，毅然辞去了月薪上万的工作，再一次学习、备考，顺利通过了家乡省厅单位的公务员考试。

很多人在说：“阿苏这孩子，一路上顺顺利利，命真好，我家孩子要是有这么好的运气就好了。”

可这哪里是幸运啊，背后的“头悬梁、锥刺股”、日复一日地挑灯学习，又有多少人知道？

阿苏高三时学习很用功，由于晚上学习效率高，所以她几乎每个晚上都会在家学习到深夜，所以第二天起不来才会迟到。

所以我相信，她能逢考必中一定不是别人看起来那样只凭运气。

即便有好运这种事，好运也只会降临到努力的人身上。

04

“没有赶上航班是因为你动身太迟，错过了商机是因为你犹豫不决，上帝把机会抛来时，对任何人都是公平的，有的人捷足先登，有的人姗姗来迟，但机遇只会赐予有准备的人。”

幸运只会寻找勤奋努力的人，如果我们还没有遇上属于自己的幸运，证明我们依然在路上，还要再努力一点点。

我曾极度自卑过，现在我想讲出来

01

我之前长得特别丑。听我妈说，我刚生下来的时候，隔壁的叔叔阿姨来看我，他们都说："这孩子的头发真好，乌黑光亮！"

叔叔阿姨走之后，我妈问我奶奶，这些人怎么只关注孩子的头发，没一个人说她长得好看？我奶奶只笑了笑，继续去哄我了。

我妈出月子后和她的朋友去吃饭。饭桌上，一个直爽的阿姨和我妈开玩笑地说道："你生的那是一个什么东西？黑黝黝的，连眼睛都没有！"

长大后，大人们夸别的小朋友时总是花样百出，"可爱""漂亮""大眼睛”“洋娃娃”等词层出不穷，而到我这里，就只剩下“听话”“头发好”。

上了中学后，由于长得不好看，我觉得整个世界对我充满了敌意，朋友有意无意的打趣，经常让我觉得无地自容。

因为长得不好看，有一段时间我很自卑。

因为自卑，我失去什么都不会竭力去挽回；

因为自卑，我不敢与有文化的人坐在一起，怕他们谈论的知识太深刻，而我一概不知，连说话的声音都一直是最小的那个；

因为自卑，我每次跟朋友出去都很少发言，怕说错话会贻笑大方；

因为自卑，别人一句无心的玩笑话，便会让我开始一整夜的“早知道……就不应该……”；

…………

那时候，那个自卑的我是我极其讨厌却无法甩掉的影子。

这种自卑感从不曾消失，它一直萦绕在我的心里，让我唯唯诺诺了二十年！

02

现在的我并不觉得自卑是一件坏事，是好是坏在于你怎么看待它。

自卑的确是一个凝重而阴暗的词，谁都不愿提及它，谁也不愿意承认自己有这种情绪，但我们必须正确地去面对它，否则一定会被它伤得体无完肤！

我刚上大学时极其自卑。我高中时的几个挚友都考上了“985”高校，而我上的是艺术类的普通本科院校，这让我感觉自己瞬间和她们有了隔阂。

大学期间，因为自卑，我每天写写画画，活在自己的世界里，描绘着迷茫的未来。

偶然一次机会，我参加了一个活动，活动的负责人要我上台致辞，练习练习自己的胆量。为此我用了四天的时间把演讲词背得滚瓜烂熟。

活动当天，负责人走过来笑着对我说：“别紧张，实在不行你可以拿着稿子上去。”

我也想不紧张，可是没有办法，我当时觉得自己不行，怎么可能不紧张？

上台之后，我把那四天做的准备功课全用上了。我很满意自己的表现，台下雷鸣般的掌声令我至今记忆犹新。

从那以后，我开始尽我所能地完善自己，学摄影、写作、画画……

有朋友说，你一个女生，那么努力干吗？看那么多书有什么用？我也为此纠结、迷茫过，也曾试图让自己的节奏慢下来，多去外面走一走看一看，丰富一下自己的生活，但是后来我发现自己根本停不下来。当你习惯了向上攀爬，稍微歇一会儿就会觉得自己在浪费时间，浑身不自在。

很多同学问过我：“你一个搞艺术的，学好自己的专业就好，瞎折腾自己干吗？”

只因为我害怕平庸，怕自己会被社会淘汰，更怕将来的自己一无是处。我不知道自己能走多远，但每走出一步就是一种成长，不是吗？

03

谁都会自卑，谁都会迷茫！

自卑并不是坏事，因为自卑，我有了自己的追求，并且挺喜欢这样的自己，虽然忙碌却充实、自信。

世界虽然残忍，但只要你想走，总会有路。

成为什么样的人、过怎样的生活，选择权永远在你自己手上。

希望自卑不会成为你生活中的阻碍，而是作为一种前进的动力存在。

第二辑

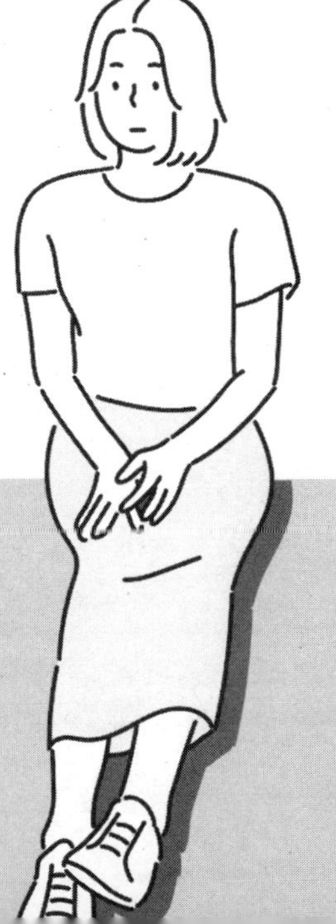

你吃过的苦，
总有一天会笑着讲出来

好好努力，才有选择的权利

01

晚饭后，我用手机浏览着各个网站，试图寻找一些写作素材。妹妹坐在我旁边，乖巧地写着作业。

一个关于某女主播月入百万的视频成功地吸引了我，她哭诉着自己的经历，初中毕业，没什么文化，现在的一切都来之不易……

妹妹看到后，放下了手中的笔，手托着小脑袋问我："姐姐，不读书、没文化的人，也可以改变命运吗？为什么她连大学都没上过，居然比楼下阿姨家的那位研究生哥哥还要有钱？"

面对妹妹提出的这两个疑问，我竟然不知道该以什么样的角度给她解释。我不能告诉她读书不重要，跟她说不要为了读书而读书她也未必能理解。

我们都是普通人，无法预料到未来会怎样，对当下的她而言，好好读书、好好努力，就是她最应该做好的事情。

“你快好好写作业吧，完成不了明天又要挨批了。”我没有正面回答她的问题，害怕因为我某句话表述不当而导致她产生误解，我希望她能够树立正确的价值观，所以此时无声胜有声。

读书到底有没有用?

该怎么说呢?我认为有用没用全看个人的选择，你觉得它有用，它就一定有用；倘若你觉得它没用，它自然而然也会变得没用。

02

我毕业已经半年了，至今还是会想起师兄临走时对我说的那句话:

“做任何事情，不要管它究竟有没有用。只要你完成了它，它就必然会有发挥价值的一天。有时候做的事情或许当下对我们的回报不大，但时间长了，厚积薄发之下，你经历过的事情就会产生一股莫名的力量，催促着你前进，潜移默化地影响着你。”

师兄比我大两届，我刚上大学那会儿，他是我的代班老师，每天陪着我们一起军训，鼓励我们参加各种新生比赛。听老师们说，师兄是他们那一届当中最有能力的学生，他的名字总是耀眼地出现在成绩榜单第一名的位置。

第二个学期开始后，我没有再见过师兄，就连他的名字也很少在学校被人提起了。种种传闻层出不穷，有人说他退学了，有人说他生病住院了，还有人说他不再读书，出去创业了……

后来我才知道，当时他和别人合伙经营的公司遭遇危机，他不得不先暂停学业，全力以赴地去解决公司的问题。渡过难关后，他的公司成功上市，招聘员工时，我们学校很多刚毕业的学生去应聘了，听他们说，师兄做得很不错。

两年后，师兄回到了学校继续完成学业。其实那时候我特别不理解他的行为，他都成身家百万的大老板了，为啥还要回来读书?

师兄对我说："无论是哪个阶层，学习始终是我们终生的事业，只有一直走在这条路上，我们的精神才能富足，眼界才能开阔，那些期望的美好瞬间才能如期而至。"

其实，人一生当中都在努力追求着一个完美的自己，尽管别人可能觉得你这样已经挺好了，但你还可以更好。

o3

前几天朋友结婚，我在酒店遇见了大学时的闺密小林，她穿着服务员的服装，手里端着一壶茶水，正面带微笑地为客人倒水。

小林看见我，便匆匆离开了。我怕伤害到她的自尊，没有追上前去。

她这个人一向很要面子，而且自尊心很强。在学校的时候，她觉得上学很浪费时间，读书一点儿用也没有，于是从大一起就开始在外面做各种兼职。因为她每天跟一些社会上的人处在一起，不去上课又很少回寝室，室友们便渐渐孤立了她。

大二时，小林因为作业的事情与室友有了矛盾，两人大吵了一架。后来很长一段时间，她过得很不开心，觉得老师和同学都不喜欢她，慢慢地她开始怀疑自己上学的意义。

冲动之下，她办理了退学手续，与她的朋友一起南下打工去了。

后来我们看到她在朋友圈更新的动态，似乎生活过得很滋润，因此每个人都心生羡慕。每到寒暑假跟她见面时，我们从她的穿着和言谈中也能感觉出，她在外面混得挺不错。

因此那天在酒店见到她，着实令我有点儿惊讶。后来我听朋友说，小林因在外面说错话被公司开除了。在大学时，她做事情就大大咧咧，说话也不经大脑，想到什么说什么。

“读书少还不学习，总是不懂装懂，肯定不会有什么好的发展。”一个同学在旁边调侃着。

我想说的是，读书不仅仅是为了文凭，更重要的是可以提高自身的涵养和素质。

04

写到这里，我想起刘同写的一段话：

“读书不是为了拿文凭或者是为了发财，而是为了成为一个有温度、懂情趣、会思考的人。你现在努力，未来就会遇见那些和你一样努力的人；你现在不努力，你未来遇见的人大概也是和你一样的处境。”

读书究竟有没有用？

当然有用。

你想遇见什么样的人，就要努力去向那个方向前进，你所期望的底气和涵养都藏在书中。

学习重要吗？

很重要。

不管是上学还是工作，每个人生阶段我们都需要学习不同的知识。物竞天择，适者生存，面对同样的竞争环境，你要比别人更努力、更优秀，才能脱颖而出。

好好读书，充实自身，你才会获得更多选择生活的权利。

愿我们，所经历的每段青春都不辜负自己。

这个时代正在悄悄犒赏那些终身学习的人

01

不知什么时候，我开始变得多愁善感，感叹时光的飞逝，它的快让我猝不及防。

有很多事情，还没等做得完美，便吹响了结束的哨声；有很多朋友，还没来得及告别，却不得不说再见；有很多愿景，离开校园后才发现，它们并没有想象中那么美好……

即使有种种遗憾，可我们还是要拿出更大的勇气去迎接全新的开始，这样才能让未来可能发生的遗憾减半，幸福感递增。

丢掉负能量，多一些成熟和勇敢，保持自己的热情。

02

己所不欲，勿施于人。

我们耳边时不时会有这样的声音：你不应该……你应该……

我一直很疑惑，说这些话的人，为何自己不去做他们要求别人做的事？

人与人的相处过程中，之所以会出现矛盾，根源往往在于互不理解、互不宽容，大家都在把自己的意愿强加给别人，同时还表现出一副理所当然的模样。

我认为，把自己的主观意志强加于人的做法，于己、于人都是件痛苦的事情。

两个不同的人是不可能保持一致的，就像世上不存在两片完全相同的叶子。我们与人相处时，要尝试学会换位思考，不要以自我为中心，彼此宽容，才会让“情”走得更长远。

03

学会独立，是我们人生的必修课。

尽管每个人都害怕孤独、挫折与痛苦，仍然要一个人去面对是是非非。

不少孩子在“巨婴式教育”的成长环境中长大。从小到大，父母将我们的生活安排得极尽周到，不想让我们吃苦，不想看到我们流泪，于是他们竭尽全力为我们铺好要走的路，尽其所能地减少本应该由我们自己承担的压力和责任。

可这样，对我们真的有利吗？

我从小在爷爷奶奶的呵护中长大，饭来张口，衣来伸手，自以为我很幸福，比别人家的孩子要快乐很多，可后来我猛然发现这正是我与别人的差距所在。

那些我以为没有我幸福的孩子比我更能适应社会，比我更能承担责任。

从某种程度上来说，父母的呵护在为孩子挡风遮雨的同时，也在无形中剥夺了孩子直面挫折、历练成长的机会。

上大学后，我渐渐独立起来；毕业后，我开始租房子一个人生活，这样自己养活自己的日子，让我更能理解生活的不易和父母的艰辛。

没有谁能保护谁一辈子，总有一天我们要一个人去面对生活的折磨，要承担起对自己、对家庭、对社会的责任，不趁早经历挫折和风雨，日后我们又怎能扛过暴风骤雨呢?

先成人，后成才，告别“巨婴”生活，以一个成年人的方式要求自己，慢慢走出舒适圈，让自己变强大，变得无坚不摧、不惧风浪，只有这样，在暴风雨来临之时，我们才不会乱了阵脚。

无论什么时候，控制好自己的情绪，从容镇定地看待问题、解决问题，这才是成年人的生活方式。

04

请保持终身学习的习惯。

很多人说，只要毕业了，就不用再埋头苦学，就自由了，可以想做什么做什么了。

然而事实真是如此吗?

并不是。我们人生中的每一天都需要学习。与人交往中，学习为人处世的方式;工作中,吸收前辈的经验,学习优秀人士的思维模式;生活中，为了把自己照顾得更好，认真地学习日常生活技能……

倘若你向往更好的生活，就要付出应有的代价，不满足是我们向上的动力，明天的你要比今天的你更努力，才能撑起自己的野心。

05

毕业半年左右，那时候我每天都把自己的时间安排得满满的，对写作这件事，我把它划分成两项：一项是写一些能抓人眼球、贴合大众心理的自媒体文；另一项是写一些我真正喜欢、具有一定意义的文字，记录我的生活，表达我的情感。

对前者，我时常早晨去写，定四点钟的闹铃，有时起不来我就让它一直响，直到自己清醒为止；对后者，晚上九点左右是我最多愁善感的时候，我会将那时的想法和感悟记录下来。

每个人都活得不容易，原地踏步已是退步，保持终身学习的习惯，才最令人受益一生的生活方式。

嗯，这个时代正在悄悄犒赏那些终身学习的人。

新的一年，请继续保持不断前进的心态，脚踏实地地求学、做人，你终会成为自己最初憧憬的模样。

我们，仍然在路上。

你最弱的时候，遇见的坏人最多

01

昨天老 A 给我打电话，刚接通我就听到她抽泣的声音。

“我想回家，不想一人待在魔都，在外打拼太难了，需要承担和忍受的东西太多了……”

听完她的话，我心头一阵刺痛，说不上来是什么滋味。

老 A 在上海工作，压力大不说，工资还低，只住得起潮湿阴冷的地下室，房间里只有一张小床、一张桌子，没有无线网、没有信号，刚开始的时候她几乎天天吃泡面。

这是老 A 毕业后找的第一份工作，入职后她特别用心，力争把每一件事都做到尽善尽美，可依旧得不到领导的认可，同事也排挤她，笑话她是新人，总之她觉得自己什么都做不好。

刚进公司的时候，为了和同事搞好关系，老 A 一个人要做好几个人的事，老员工偷懒把自己的活儿扔给她干，她也毫无怨言地埋头做完了。

时间长了，她觉得自己越来越没存在感，别人说什么她做什么，不敢反抗、没有主见。她说：“我究竟做错了什么？我不就是新人吗？他们为什么都来欺负我？”

你最弱的时候，遇见的坏人最多。

02

我身边的 V 姐，十五岁初中毕业后就去餐馆打工了。当时与她同宿舍的人，大多想着多赚点钱然后结婚生子，对未来发展更是走一步看一步。

她们问 V 姐：“你呢，你想好自己以后的生活了吗？”

“我想去考大学，继续接受教育，不想一辈子在这里端盘子洗碗，这不是我想要的生活。”

V 姐说完，宿舍里的其他人哄堂大笑。

她狠狠地向她们甩出了一句话：“我一定会考上大学的！”

后来 V 姐把工作辞了，报了成人大学的补习班，选修了汉语言文学专业。功夫不负有心人，一年后，她成功地踏进了大学校园。

后来她再去见当年一起打工的朋友时，不再低着头不敢讲话，而那些当面嘲笑过她的人对她满眼艳羡。

“生活总是让我们遍体鳞伤，但到后来，那些受伤的地方一定会变成我们最坚硬的铠甲。”

o3

小时候，我特别羡慕那些长得漂亮，成绩还超级优秀的女同学。

因为我成绩不好，同学的妈妈不让自己的孩子跟我这种成绩差的孩子玩，甚至还毫不避讳地说：“她那么笨，平时离她远点，少跟她接触。”

我想说，我是差等生，但我不是坏人。

我身边有一批多才多艺的朋友，他们能歌善舞、能写会画。跟他们一比，我就像一个小丑，只能躲在角落里默默地看着他们散发光彩。

上了大学后，我用半年时间减掉了三十斤体重，空余时间不仅学习了唱歌，还报了舞蹈兴趣班。此外我苦学专业课四年，渐渐地我也成了被其他人羡慕的好学生。

我们每个人都是独立的个体，能帮你的只有你自己，如果不对自己狠一点，那你永远只能是个弱者。

04

前段时间热播的电视剧《楚乔传》中，赵丽颖扮演的楚乔，刚开始以一个女奴的身份被放在猎场上和狼一起被追杀，后来凭借自己矫健的身手和惊人的观察力成了唯一存活下来的人。

楚乔说过这样一段话：

“世界应该是公平的，即便是奴婢，也应该有生存的权利。我不明白，这个世道为什么人一生下来就要分三六九等，为什么狼注定要吃兔子，兔子却没有反抗的权利，但我现在明白了，是因为兔子不够强大。要想不被人俯视，就得要让自己站起来。”

楚乔一路受尽凌辱，披荆斩棘，从奴婢逆袭成为女战神的经历令我深有感触。

物竞天择，适者生存，生活不会因为你受尽委屈而对你怜香惜玉，更不会因为你承受不住压力而减少对你的考验。

其实，有时候生活就是一场没有硝烟的战争，你若不强大，下一个被淘汰的就是你。这就好比食物链，狼吃兔子、兔子吃草，是毫无道理可讲的。

世界本就不公平，一个人唯有强大，才会有选择的权利。

这个世界上，别人总是不可以指望的，你唯一能指望的，只有你自己。

当你不够强大，请离负能量远点

01

闺密毛毛向我抱怨，自从她得了很多奖后，生活再也没有以前那么简单快乐了，身边的朋友性情大变，开始处处针对她。

她们心肠不坏，但很喜欢自夸，每次夸自己的同时，总要先诋毁和嘲讽别人一番。

“你看我穿上这件衣服是不是很好看？小华跟我买了同一件衣服，她穿出来的效果土得不行”；

“这是我今天刚买的化妆品，韩国的一个牌子。你看老王，怪不得那么黑，用的护肤品都是廉价货”；

…………

在我看来，毛毛貌似交到了一拨“假”朋友，她得了很多奖成为优秀学生，作为朋友的她们没有恭喜和祝福，却视而不见。不仅如此，她们还从毛毛身上的各个地方找突破口，下手打压和攻击，试图给自己找一个心理平衡点。

像她们这样的“朋友”，其实一点含金量都没有。一旦你超越了她们，这些人便会通过诋毁、冷暴力、语言攻击等幼稚的手段来宣泄对你的妒忌和不满。

我们身边都会有这种喜欢打击别人的人。我们也不难发现，这些负能量爆棚的人大多是 loser（输者）。心胸狭窄到连朋友都容不下的人，装不下什么大梦想。

02

我有一个关系很好的朋友小 V，她在一所“985”大学读书，不仅学历比我高、专业比我好，人还长得漂亮，身材也特别棒。我平时也算是一个很自信的人吧，唯独面对她时，心就像被针狠狠扎了几下似的，说话都没底气，甚至不敢抬头去看她。

一天晚上，小 V 突然给我打来电话，在电话那头对我说："感觉现在生活压力好大啊，去找工作，遇见的竞争者基本是高学历、高智商、高颜值，突然发现自己好渺小，合适的工作越来越难找了。"

说完她紧接着对我说："像你们这种二流大学的学生，将来更难在社会立足。你想靠写作为生，想想得了，从小你就是一个梦想家。写作的人那么多，凭什么红的是你？

"现实点吧，别做梦了，社会变了，那么拼、那么努力有什么用？看再多书也不会在里面发现黄金屋的。"

…………

后来，我果断地挂掉了她的电话。

对像她这样看不见自己的平庸，又不想承认自己卑微，只能靠打击、诋毁、吐槽别人的生活来肆意掩饰自己的一无所有的人，就该如此！

她若真的为我好，可以告诉我这条路不好走，可以和我讲这条路很难，也可以指出我哪里写得不好让我改正，但如果只会给我灌输负能量，那就算了吧！我们不适合做朋友，等你变得阳光起来之后再说吧！

人生就是这样，在背后看你笑话的人永远比支持你的人多。

03

有很多朋友发私信对我说，人际关系很难处理，相比大学时的朋友，工作中与人相处总感觉多了些利益、少了份真诚，能交心的人少之又少，酒肉朋友却一拨接着一拨。

我也曾在朋友圈发过一条动态：“拥有很多假朋友是种什么体验？”

这么多年来，我对朋友的概念是比较模糊的。面对一些人的诋毁和嘲笑，我也慢慢开始正视这些言论，并将它们变成我成长路上的跳板。它们只会让我变得越来越强大，除此之外一无是处。

04

前几天，我收到了学妹阿咖发来的一段很长很长的微信，她说：

“我今年大一，高考失利后去了山西的一所二流大学，但我不服气，我不应该是这样的水平。于是上大学后，我比中学时代还要努力，寝室里四个人，她们三人玩游戏，我不玩；她们二人去逛街，我不去；她们三人一起逃课，我不逃。渐渐地，我被她们孤立了，她们在背后说我是‘异类’‘奇葩’，说我很孤僻、不好相处。

“难道在大学好好学习就是‘异类’吗？期末考试我考了专业第一名,寝室的人对我更是不理不睬,甚至在背后诬蔑我,还散布谣言,教唆全班人不和我玩。”

她还抱怨说，自己究竟做错了什么，感觉全世界都抛弃了她，独在异乡，身边没有一个可以倾诉的人，面对校园里“莫须有”的流言蜚语，接下来的路怎么走，她真的不知道该怎么选择了。

“我只是不想虚度光阴罢了，只想用大学有限的时间去打造一个优秀的自己，难道这有错吗？”

听了她的故事，我沉默了很久，或许在她身上也看到了自己当年的影子吧。

时间追溯到三年前,那时的我渴望成长,渴望得到精神上的满足。似乎在那个年纪我就已经明白，身边的每个人都是人生中的过客，别人没有义务帮助我，我只能通过自己的努力去实现完美蜕变。

大一那年，我开始了特立独行的生活。早上没课的时候我就会去图书馆，平时没事也选择去图书馆或者参加各种活动。我的生活还算是励志，当时很多人不太理解，甚至觉得我的行为有点古怪，缺了点作为年轻人应有的堕落和张扬。

很多同学用异样的眼光看我，觉得我孤僻、不好相处。渐渐地，我从朋友的角色慢慢转化成了她们口中特立独行的“异类”。

05

我或许一直是别人眼中最不害怕孤独的那个人吧！

一个人去吃饭，一个人看电影，一个人去上课，一个人去跑步。

我喜欢一个人的感觉，每当独处的时候我才能静下心来，斟酌我接下来的路该怎么走。

“我们终其一生，就是要摆脱别人的期待，找到真正的自己。”

《无声告白》里的这句话让我感触很深。人生很短暂，路上的诱惑和荆棘总会干扰我们前行的方向。

二十岁左右，我们要随时做好单枪匹马为梦想而战的准备，不要等到兵临城下、枪林弹雨之时，才意识到自己一无所有。

我是那个一直走在路上从未停步的姑娘，哪怕面前是戈壁险滩，哪怕耳边有重重质疑声。

这世界有时候是很公平的，对错都是相互交替的。别人没有和你成为朋友，未必就是她不好，更多是因为你们不是志同道合的人。

倘若我们能心平气和地接受彼此的不同，相互之间就不会出现抱怨和忌妒。喜欢的东西就用心去追求，不喜欢的哪怕丢掉也永远不要去诋毁。

最后，唯有让自己强大，你才能远离负能量！

一生做成一件事情，就很了不起

01

早晨我收到了阿苏的留言：

我最近真的超级彷徨、不知所措，感觉自己一无是处、碌碌无为，可这并不是我想要成为的样子。

我和你一样，从小确立了同样的梦想！

小时候，老师夸我作文写得好，是那种满分三十分我得二十八九的水平，我就是那种学校里我的语文试卷经常被张贴出来的“别人家的孩子”。

五年级时，我幻想着以后写很多文章，拥有百万粉丝，去各地开办签售会……

现在自己快毕业了，一路走来梦想没有了结果，从上初中起我就成了一个“普通人”，我的名字再也没有被人提起过。

一直到现在，我依旧盲目从众地混着日子，没有多愁善感的思绪，没有提笔就停不下来的灵感，懒得动笔，懒得看书，懒得思考。多了许多年轻人的浮躁，经不住诱惑，耐不住寂寞，我渐渐地被社会同化成了我小时候最讨厌的模样！

她说，她很想要成长，想要变得更好，可总是无从下手。她最近出去找了很多次工作，不是专业不对口，就是还不符合公司对员工的要求，眼看着到了经济独立的年纪，可回头发现自己仍然一无所有。

其实，我很理解她想要上进的心情，梦想要有，但行动也要有，快马加鞭我们才能跟上梦想的步伐。

02

在这个时代，你不付出行动，不想方设法地得到你想要的那块肉，那它注定会落到别人口中。值得庆幸的是，每个人都有竞争的权利，要么出众，要么出局。

每当我想放弃的时候，总会提醒自己“出名要趁早”。一旦我们到了追求安逸的年纪，难免会和生活握手言和。我害怕将就，害怕现实把我变成行尸走肉。我只有跑在别人的前面，才能赢得选择生活的权利。

阿苏现在的迷茫和恐惧，其实就是将青春埋葬在了幻想中，“我长大以后要……我毕业以后要……”倘若我们想要什么就会得到什么，那奋斗着的人又是为了什么？

当年龄的步步紧逼、生活的窘迫不堪、现实的残酷黑暗通通摆在我们眼前时，我们难免会失去无所畏惧的勇气，但好在我们才二十几岁，还有大把的时间去抗争。

还记得今年在家过二十二岁生日时，我对自己承诺：“找到自己喜欢的事，然后坚持一辈子。”

去年我读了六小龄童老师的《行者》，他说：“我们每一个人都是行者，都在取人生的经，都会遇到九九八十一难，坚持住！一生做成一件事情，就很了不起。”

写作就是我喜欢的事，每当听到外界的流言蜚语，心静不下来时，我总会想起这段话，然后整理好心绪，做我该做的事情。

写作这条路确实很累，但不管结局怎样，为之付出了毕生的努力，我不遗憾。

人生如下棋，人人都身在局中，只要你肯吃苦、肯付出，命运终会眷顾你。

03

有的人看似很聪明，总会选择舒服一点的生活方式，让自己过得开心。

可是不敢对自己下狠手，不去尝试逼自己拼一把，到头来生活只会给我们一巴掌，让我们痛得无力招架。

说真的，能为梦想坚持下去的人真的不多，所以成功道路上从来没有我们想的那么拥挤。

有的人因为迷茫，选择停滞不前；有的人因为害怕孤独，选择放弃；还有人因为外界压力，不得不向现实妥协……

每个人都认为，自己实现梦想的最大敌人是来自他人的羁绊，可你连一颗肯吃苦的心都没有，还谈什么梦想？

04

你想当作家，可是半年看不完一本书，码不出一个字；

你想当摄影师，可是自买了器材之后从没拍过一张照片，不学摄影知识，修图技术也不过关；

你想创业当老板，可是创业项目没通过，没评估自身实力，只是一味空想。

认定一件事情，哪怕头破血流也要义无反顾地做。我们缺的是这种坚定的决心和对待困难时所迸发出的决绝力量。

有些时候我们不是做不到，不是完成不了，而是根本懒得去做，空有一个个停留在嘴上的幻想。

年轻人，我们不能瞻前顾后、左右思量，选好了的“肉”，就要去争取，不要永远活在想象之中。

坚强地走过每一段不美好的岁月，光鲜靓丽的背后往往是千疮百孔，只要全力以赴，终会得到命运的青睐。

一生做成一件事情，就很了不起！

我不希望，你过于独立坚强

01

晚饭后，我打开电脑正准备写些什么，手机响了。

有一个叫小畅的姑娘给我发过来一连串私信，看到“癌症”两个字时，我瞬间绷紧了神经，目不转睛地盯着手机屏幕。

我今年二十四岁，之前很长一段时间感觉全身乏力，每天都无精打采的，没有一点年轻人的朝气，还经常发烧，一个月四次左右，一吃饭就恶心想吐。

毕业后，一天我在家高烧39.5摄氏度，一个人远在外地读大学的时候，我妈并不知道我经常发烧。那天我一丝力气都没有，她进来看我脸色不对，便匆忙带我去了医院。医生说我不是普通的发烧，建议我去做一个检查。

那是我第一次体检，在我做检查时，我听到仪器发出一声声类似警报的声音，同时听见医生和妈妈小声嘀咕着：你看这块红色区域，有很大的问题，怪不得她发烧、厌食、消瘦……

检查结果出来后，我被确诊为肝癌，中期。

02

我刚刚大学毕业，本应为了自己的梦想出去闯荡，或者和自己心爱的另一半腻在一起，谈一场轰轰烈烈的恋爱……可我怎么也没想到，二十岁的我，居然和癌症联系在了一起。

我害怕死亡，不想死，我的人生才刚刚开始……

我看着小畅发来的信息，心里有种说不上来的滋味，有同情、悲伤，也有数不尽的无奈。

小畅是家中的老大，还有个弟弟。她深知自己以后的生活只能靠自己去创造，于是刚步入大学便开始做各种兼职，一边读书，一边在社会中打拼。

从上大学起，小畅就是自己交学费，也能自己养活自己了。因为自尊心强，她给自己定的目标很大，过得也就比同龄人累很多。

从入学第一年起，小畅就没向父母开口要过一分钱，接下来的几年，她更是张不了嘴，只能逼迫自己快速成长，好好学习，好好工作。

大学四年时间，小畅白天上课、打工，晚上学习巩固当天的课程内容。在学校里，她一直都是佼佼者，数年来没有人动摇过她第一名的宝座，她一直在努力着。

工作中，无数次熬夜剪辑各种视频、后期处理各种图片，应酬喝酒，处理人际关系，这些她都挺了过来。如今大学毕业，她存下了很多钱，在广州也闯出了一点成就，有了自己的资源和圈子，身边的同学都很羡慕她。

现在医生说她患有肝癌，要抓紧治疗，好好注意身体。

03

我不知道现在的年轻人究竟是怎么了，貌似越来越多的人在二十多岁的大好年华被病魔缠上身，往往直到这时有的人才大彻大悟，明白生命的重要性。

我不希望年轻人太过于要强，因为比起生命，所有的一切都显得微不足道。后来我告诉小畅，只要人好好的，这便是我们最大的幸运。

生命值得敬畏，不是吗？

整个晚上，小畅的故事翻来覆去地在我的脑海里出现，令我没有一点儿睡意。于是我侧着身子，打开手机，看了看和几个高中好友的群聊天对话。

小微说，她要准备回家了，让我记得去接她；兔兔喊着每天肚子痛到睡不着觉；阿怪每到早上总会在群里汇报今天的胃是怎样一种疼法；而我，在自己的老家，喝着一服又一服的中药，调养着身体。

我这三个高中同学都是名校毕业，如今她们都在同一座城市上班，一个比一个拼命。每次我七点醒来时，总会看见她们三个凌晨三点在群里讨论着报表、视频的制作细节，早上六点左右又奔波在早高峰的人群里。

从对话中，我可以看出她们每天都生活在焦虑和压力中。她们有时候一天只睡四五个小时，上班都是迷迷糊糊的状态。上个月的时候，阿怪在群里发了一张检查报告单，说她胃上长了一个东西，需要做手术，兔兔紧跟着来了一句："我感觉近几个月，我的内分泌系统越来越紊乱了，脸上都长斑了。"小微说她要回家看病了……

04

不知道从什么时候起，我们这群大人眼中的小孩子，渐渐担当起了责任。

人哪，总是到事情已经发生的时候才会感叹当初的不应该，等到问题变得最严重时，才能意识到早应该珍惜和爱护自己曾经拥有的东西。

我不希望自己活成这个样子。

我希望，我们每一个人，在追求梦想的同时，要对自己的人生和身体负责，按时吃饭，规律生活，每天不要给自己太大压力。

自信改变命运，拥抱美好的人生

01

不知道从什么时候起，“整容热潮”风靡全球各个角落。每个人都渴望变美，想要彻底告别丑小鸭般的自己。或许很多人觉得“颜值即正义”，在这个看脸的时代，长得好看的人会过得很顺利。可话又说回来，人变漂亮了，人生就真的会变得更好吗？

我想讲一个关于我隔壁寝室的阿花的故事。

阿花长相平平，个子不高，整个人让人看了觉得很亲切。直到现在，我还时常会想起刚上大学那会儿，每次排队体检，阿花站在我前面，我们半侧着身子聊天的样子。

“你看隔壁班的那个高个子男生长得好帅啊，还有他后面那个，看着也很顺眼。

“嗯，大学我一定要找一个自己喜欢的人，轰轰烈烈地谈一场恋爱。”

我听她在一旁这样说着，偶尔表达一下自己的看法，但大多数时候是点点头，以表示对她的想法的赞同。

一段时间后，我再见到阿花时，她沮丧地对我说：“我跟两个男生表白都被拒绝了，难道是我长得太丑的原因吗？”

原来阿花向其中一个男生告白时十分高调，整个系的人都知道了，很多同学在背后窃窃私语：“自己长什么样子也不照照镜子，还不自量力地跟‘男神’表白。”

这件事情令她整日郁郁寡欢，也令她成了同学们茶余饭后群嘲逗乐的对象。

过了一个寒假后回来，阿花像是变了一个人，鼻梁变高了，眼皮也变双了，五官瞬间立体了很多。原来她去做了微整容，做了双眼皮，开了眼角，还垫了尖下巴。她觉得自己变好看后，当初被她表白的对象就会喜欢她，身边的同学们也不会再处处针对她了。

可现实往往事与愿违，没人关注她是否变漂亮了，阿花反而因此被人称作“整容怪”。她整容的事情传遍了整个校园，走到哪里都会有人投来异样的目光，就连曾经的朋友，也一个个离她远去。

02

我听我妈说，隔壁县城的小姑娘盈盈在大城市待了不到一个月的时间就回来了，估计是受了什么打击，自从回来后就一心寻找整容医院要整容。盈盈跟她父母说，自己想要变漂亮，变漂亮后就会找到好工作，条件好的异性也会多看自己一眼，人生一定会变得很顺畅。

将近十几万的整容费用，对一个普通家庭来讲是不小的负担。况且就整容这件事而言，观念传统的盈盈的父母根本无法接受，他们狠狠地骂了她一顿，盈盈不服气，离家出走了。

好几个月没回家的盈盈，在外面欠下了一屁股债，原来她因为没钱整容，又渴望变漂亮，所以通过各种贷款方式筹集到了去做整容手术的钱。

盈盈如愿以偿地变好看了，可还没等她找到一份满意的工作，贷款公司便打电话来催她还款，盈盈无力偿还贷款，一拖再拖后利息越滚越多，后来利息加本金涨到就算盈盈全家砸锅卖铁也还不起的地步。

因为不想让家里人知道她做的这件蠢事，更不想连累父母，盈盈选择割腕自杀，结束了自己的生命。

变美的代价是付出一条生命，这结果是何等惨重？我们或许对自己的外表不满意，不够好的外貌确实有可能让我们失去很多选择的权利，但至少我们还活着，活着就还有希望，不是吗？

我不知道整容究竟能不能改变人生，也不知道变好看后的人生会比普通人顺利多少，但至少有一点我能肯定，自信的姑娘永远是人生的大赢家。

o3

这世界上有很多根本不在乎外貌美丑的女孩，她们不靠脸吃饭，靠的是自己的才华。

我表姐今年二十六岁，有车、有房、有存款。

她长得并不好看，普通得不能再普通，一路走来却发展得很顺利，很多人说她是命好。

表姐这个人从上学的时候起就不愿走捷径，认为任何事情都需要踏实付出才会有所得，她每走一步，都很谨慎小心。她知道自己长得不怎么好看，家庭条件也不怎么好，唯有靠努力读书去改变自己的命运。

她不攀比，不盲从，不乱买衣服和化妆品，将所有的钱都投资在了提升自身素养上。

表姐大学毕业后考上了研究生，之后进入了一家世界500强企业上班，因为脑子里装满了知识，每项业务她都能处理得井井有条。她自信、骄傲、有底气，做事潇洒干练，没过多久便升职了。

两年时间里，表姐的工作能力备受肯定，她升职三次，加薪四次。

所以啊，这世间除了好看以外，还有努力，努力也能让我们的人生大放异彩。

04

我不反对整容，但也不是特别支持，每个人都有变美的权利，我们应予以尊重。但如果变漂亮只是为了走捷径来获取自己想要的物质生活，终究是长久不了的。

毕竟这个时代只有漂亮不行，你得努力。

总而言之，我们始终要在合适的时间以合适的方法去寻找一条正确的道路。长得不好看并不可怕，最可怕的是你骨子里透露出的自卑，它会吞噬你，让你慢慢开始质疑自己、否定自己……

走出自卑，走出外貌带来的困扰，我们便会发现，世界上其实还是有很多美好的东西值得我们期待与追随的。

有人说，这个世界属于长得好看的人。

非也，非也。

它从始至终一直是属于努力向上、积极奋进的人。

姑娘，你若坚强，岁月定不欺你

01

这应该是我第二十一次在路上偶遇她了。

我不知道她叫什么名字，甚至不知道她是哪个系、哪个专业的学生。两年前，她吸引了我的目光，我的内心强烈地驱使着我向她靠近。那一刻，我第一次对素未谋面的陌生人产生了想要进一步了解对方的冲动。

一直以来，她都在我的世界的边缘徘徊不前，未曾走入。她说她害怕与人说话，害怕与人交往，我尊重她的选择和判断。迄今为止，我还是那个在背后默默关注她的人。

我第一次跟她见面是在学校附近的咖啡厅，当时我正在专注于写作，忽然有一个人朝我这个方位走了过来。我本想像往常一样瞟一眼后，接着做我的事情，可就这一眼，这个姑娘的形象就霸占了我的整个大脑。

这个姑娘穿着朴素，留着齐耳短发，身材矮小，背着超重的书包，手里端着水杯，步伐缓慢地走了进来。

当她从我身边路过之时，我发现她走路的姿势一瘸一拐的。

02

我对她的印象渐渐深刻起来是从那一天开始的。

刚出公寓门口，我就看见她在前面匆匆地走着，依旧是背着书包，手里拿着杯子，走路的速度比往常加快了很多，好像很着急的样子。

她腿脚不便，再加上行走速度太快，绊了一下，手中的水杯滑了出去，水花四溅，弄脏了前面一位同学的衣服。

那位同学转过身，不屑地看着她说："你把水洒我身上了，你看你路都不会走，还走那么快，明知自己有事，还不早点出门。你要知道你是残疾人，跟我们不一样！”

那位同学旁边站着她的男朋友，他一脸看不起人的样子走到女孩儿跟前，语气略带嘲讽地说：“向我女朋友道个歉，这次就饶了你，下次别再让我看见你！”说完他一把将女孩儿推倒在地上。

我站在离她不远的地方看着她，上学的路上人潮拥挤，只见她揉了揉眼睛，艰难地站了起来，继续向前走去。

后来我想方设法地要到了她的联系方式。我跟她说：“我想跟你见个面，交个朋友，听听你的故事。”她拒绝了我，并回复说：“你所谓的故事，就是我坎坷的生活，我大学唯一的心愿就是不希望你们用异样的眼光看待我，大家平等相处，仅此而已！”

我想她肯定把我也当成那种看不起她的人了吧，我赶紧给她打了电话过去，她的声音听起来孤独无助，周遭的氛围寂静得有点儿可怕。

我没有说话，静静地听完了她跟我说的所有故事。她告诉我她妈妈多么不容易地把她抚养长大，又是多么费力地供她上大学……从小到大她一直看着别人异样的眼光，从来没有感受过一丝快乐和幸福。

最后，她还对我说了一句："朋友，你说我如果选择另外一条路，会不会就再也没有任何痛苦和烦恼了……"

03

当天晚上听了她说的话后，我彻夜难眠。

或许我们每一个人都会有跌到最低点的时候，但我总觉得，一个人再怎么不幸，也不可能永远生活在痛苦中停滞不前。

有时候我们的生命不单单是我们自己的，我们还要对爱我们的人负责。

凌晨三点，我发了一条短信给她："我们确实不一样，不一样的地方仅仅是你输在了起跑线上。但起跑线只是开始，你仍然可以闪亮地赢在终点线上。任何先天的缺陷都不能阻止你后天获得幸福，只要你足够坚强、无懈可击，终有一天，你会赢得很漂亮。"

接下来的很长一段时间里，她没有再联系我，偶尔我们还会在校园中相遇，我想她的生活会越来越好的。

其实，我们只要还有希望，哪怕再多的痛苦，也可以勇敢地去面对。

但愿我们不要被自己的不足蒙蔽了双眼，任何先天的缺陷都不能阻止我们后天获得幸福。

姑娘，你若坚强，岁月定不欺你！

把时间浪费在最有意义的事情上

01

小赵跟我一届，现在在上海一家传媒公司工作，月入七千，我们这些同龄人还是很羡慕她的。那天我跟她聊天，我们几个平时玩得比较好的人商量着节假日去找她玩，她却支支吾吾，没有要接待我们的意思。小赵委婉的拒绝，让我感觉到了成年人才有的难处和责任。

一个闺密很直接地说道："你是不是不想让我们去找你玩？我们 AA 制，又花不了多少钱。再说了，我们自己也有赚钱的能力，完全消费得起。"

闺密说完这话，空气仿佛凝固了几分钟，然后小赵尴尬地说道："不知道从什么时候起，那种一有钱就想立刻买喜欢的东西的想法没了，要学习的东西越来越多，自身不足的地方还需要花很多精力去填补，为了让自己变得更好，我要开始存钱了，把钱用在能让自己变得有价值的地方。”

我们听了小赵的想法都在心里默默地敬佩她。

大学刚毕业，她就学会了一种生存技能，并且下定决心去做自己喜欢且有意义的事情。

02

昨天跟我的一个学弟小辉聊天，我看了他最近的朋友圈，他貌似在学跳街舞和弹吉他。该怎么说呢，小辉这个人兴趣爱好极其广泛，对身边的朋友和事物都很上心。

他跟我提起过，他用来培养自己的兴趣爱好的钱都是靠自己攒下来的，我听后很惊讶，对眼前这个刚升大三的小弟弟有了不一样的看法。

小辉学摄影出身，大一下半学期就开始联络社会人士组织社团，一起研究摄影，还组团去外面拍照，然后对比参考学习。初生牛犊不怕虎，他从来没有把自己当作一个孩子，而是像一个成年人一样，不怕吃苦受累，更不怕磨难挫折，所有的不堪在他眼里，都算不得什么。

小辉除了上课跟老师学习摄影技术之外还会偷偷跑到外面去实践

学习，不到三个月的时间，他在摄影技术上已经超越了同学们一大步。

大二的时候他便靠着拍写真、毕业照、微视频等工作实现了经济独立，每个月除了负担自己的生活费外还会剩余不少钱。

“那你大学这一两年是不是经常去各地玩儿？生活水平提高了不少吧？”

他笑了笑，摇摇头说道：“每个人都有自己的选择，有的人追求享受，有的人注重提升自己，也有人无欲无求。我现在这个年龄，正是学习的最佳时机，所以我将每月剩余的钱存了下来用来投资自己，我渴望着未来有一天，我可以变得多才多艺、耀眼夺目。

“至于去各地旅游、提高生活水平，这些等大学毕业之后再实现也不迟啊，先做好自己，实现自我价值，然后再去生活。”

不得不说，现在的95后让我有很大的危机感。他们不甘于平凡，正全力以赴地变得更好。

o3

我不禁开始好奇：

90后的收入究竟怎样？有多少存款了？

前段时间微博上有一个话题上了热搜：90后每月有多少收入才算正常？回复的七万多条评论里，有将近三分之二的人是95后：

“1997年出生，大三在读，存款两万，上学期间各种兼职加奖学金的钱一起存的，每月生活费一千五，从大二便开始勤工俭学，有稳定的收入，花一半存一半，大学生活过得还算是自己想要看到的模样。”

“1995年出生，早早步入社会，工作一年，月薪八千，存款三万。我是北漂，虽然每月有固定的收入但还是不够花，因为爱买化妆品和护肤品以及时不时去看演唱会，总感觉生活过得一直很紧迫，还好有存款，工资不够的情况下，可以临时补贴。”

“1998年出生，大二学生，自媒体运营工作者，月入过万，将赚来的钱用来买书、买课程、学乐器，基本用来投资自己。年龄还小，有大把的时间和精力去学习更多的东西，为让自己变得优秀做足了功课。”

…………

我身边的95后，其实大多还没做到经济独立，买东西还得伸手跟父母要钱，我相信这是现实生活中大部分人的真实写照。很想经济独立、自给自足，却不知从何处入手，每次父母给钱总会有种说不上来的愧疚感。

现在过着什么样的生活并不重要，二十岁左右本就是吃苦的年华，在这一段岁月里，我们要好好利用自己的青春去拼一个自己憧憬的人生。

04

你存下一笔钱了吗?

其实，我们每个人都应该学会理财，并且懂得去管理自己的生活。不论是父母给的生活费，还是自己兼职获得的劳动报酬，要学着给它一个正确且有益的消费“平台”。

我们应该静下心来，不要盲目地跟风或是攀比。

我希望，和我一样在慢慢长大、变得成熟懂事的人们，一直能保持着激情澎湃的奋斗热情。

不敢跟人谈钱，年轻人的通病

01

昨天我看见学摄影的朋友发了一条朋友圈，内容是一段聊天信息的截图：

“兄弟，听说你大学四年学的是摄影，最近有空吗？来给我拍拍毕业照可以吗？”

“可以啊，一张照片精修版 ×× 元。”

“咱们高中同学一场，都是朋友，怎么还要钱？你免费帮我拍一套怎么了？权当练技术了。”

朋友回复了对方四个无奈的表情，便没有下文了。

后来他打电话跟我说了这件事情，在电话里面我能听出来他很气愤：“八百年不联系一回，一上来就是免费寻求帮助，我学技术花了那么多钱，买机器花了那么多钱，难道就是为了免费服务别人的吗？”

老同学来求助，你委婉拒绝后，对方很怨恨地来了一句：“白瞎了同学一场，真不够朋友，以后再也不找你帮忙了！”这种事并不少见。

你只是拒绝了一件合乎情理的小事，内心却像是欠了对方人情似的。

这个时代很多事物是等价交换的，越是关系好的朋友，越应该懂得尊重你的劳动，不占别人便宜是处理人际关系的前提。

02

同寝室的舞姑娘一直想买台电脑用来学习，可银行卡里的钱不够，每次走到商店门外她只是看看，然后暗下决心地对自己说：“嗯，努力攒钱，等钱攒够了一定来买。”

后来尽管舞姑娘省吃俭用还是没凑够钱，于是就私底下悄悄向室友小玲借了一千块钱，这是后来我们才知道的事情。小玲一直在外面打工，除了解决自己的生活开销以外还存下了一大笔钱。小玲跟我们说："她想好好学软件编程，可一直没凑够钱买电脑，又不好意思向父母要钱，所以先借一下我的，下个月再还我。"

每个人都有遇到难处的时候，室友之间互帮互助也是情理之中的事。

可舞姑娘买回电脑后，再也没提过向小玲借钱的事情，我们都以为她一个月后会把钱还给小玲。可一个半月过去了，她依旧跟没事人一样，绝口不提这码事。

另一个室友问小玲："舞姑娘借你的一千块钱，还你了吗？"

小玲摸了摸头，苦恼地回答道："快两个月了，你不说我都快忘记了，她也不主动还！我也不好意思主动向她要回来啊！"

我们现在有很多人，分明是别人霸占了自己的东西，却不敢去夺回来，纠结苦恼于不知道该怎么说、说了会不会造成双方关系破裂，或者怕提钱伤了感情。

不只小玲一个，我身边也有很多这样沉溺于羞于谈钱的泥塘里的"老好人"，只顾着别人的感受，而委屈了自己。

03

我就是其中一个，不仅羞于谈钱，还不敢找人借钱。

我平时凡事亲力亲为，自己的事情自己解决，素来不喜欢求人，包括借钱。即使月底的生活费不够了，我也不会张口去跟别人借，要么省一省就过去了，要么出去打工，一个礼拜的费用就有了。

我总觉得“谈钱伤感情”，既害怕对方不借给我，也不想听到类似“我也没有”“我也不够了”的拒绝的话，所以自己解决问题，让我拥有足够的安全感。

正因为大学时我活得过于独立，所以一直没太读懂友情的内涵。

后来我渐渐明白了，原来金钱可以检验一个人是否值得做朋友。如果对方把你当最好的朋友，是不会在你落魄的时候丢下你不管的，那些在你一无是处时还想要用力拉你一把的人，这辈子都值得你珍惜。

04

不知从什么时候起，不敢和别人谈钱成了年轻人的通病。

在学校，不敢把借出去的钱要回来；在职场中，老板讲情怀、说理想，你却不敢和他谈钱。正如武志红所说的，不敢跟人谈钱，是我们最大的幼稚病。

任何人际关系的建立都要站在平等、互相尊重的基础上去维持，所谓的真感情从来不需要拿金钱衡量。请记住：只有真心才会换来真心，谈钱不一定会伤了真感情。

如果你遇到一个人，对你百般照顾，有求必应，那一定是你的幸运，而非理所当然。

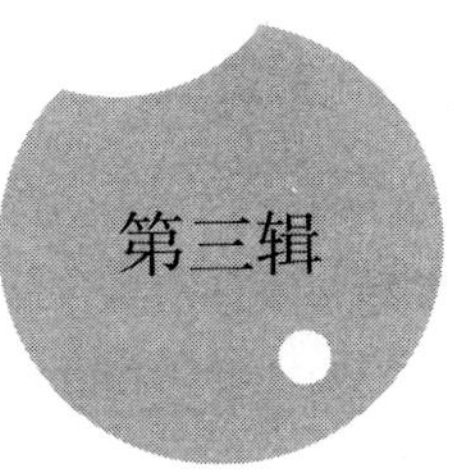

第三辑

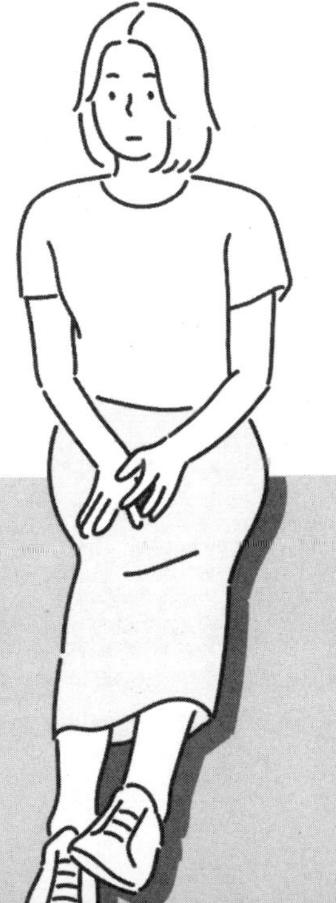

你吃过的苦，
总有一天会笑着讲出来

你我都在路上奔跑着

01

现在，请允许我对过去的自己说再见!

因为:

我不再是三年前那个吃饭、去厕所必须有人陪的姑娘了;
我不再害怕孤独、不再害怕一个人;
我不再每天只想着买买买、吃吃吃;
我不再像当初那样理直气壮地伸手向父母要钱;
我再也不是那个又笨又丑还一无是处的女生了;
…………

一个人在外地，想家的时候我会坐在操场上看月亮，幻想着家人也在那边欣赏着月亮等着我；遇到困难或不开心的事情，我时常会躺在床上望着天花板发呆。

我这几年的独立生活，有喜悦、有悲伤，时间在潜移默化间为我铸造了一颗无坚不摧的心。

永远热泪盈眶，永远催人奋进。

02

在外地上大学这几年，除了专业课以外，我收获了比专业知识更宝贵的财富。

①勇敢

如果不在外地上大学，我想我也是每逢节假日总想提前一天逃课回家的那个人吧。

可我很感谢在外地上学的自己。

那年我大一，国庆节室友都回家了，我感觉一个人在寝室里会孤单、害怕，于是移居到闺密的寝室。

看电视、玩游戏、“葛优躺”，这貌似才是假期的正确打开方式，国庆第一天就这样过去了。后来学姐给我发来一条消息，让我去卖手机，说是中国移动国庆节搞活动，除了底薪还有提成，而且可以走出学校去体验一下社会的人情冷暖。

我觉得学姐的主意不错，便将这事告诉了闺密，想让她和我一起去。她躺在床上一边看着肥皂剧一边说道：“我不行，不会说话，面对太多陌生人会害羞。再说，我们才上大一，还是个小屁孩儿，他们会要我们？”

于是第二天我自己去了，中国移动大厅坐满了来应聘的大学生，我谎称自己已经大三，在众多学生中脱颖而出。四天里，我卖出了十五部手机、九台平板电脑，赚了七百块钱。

去应聘时，我没有想过自己会被留下，看着那么多学生在那里等候通知时，我甚至有一点害怕，想要打退堂鼓。那是我第一次直面社会，迈出这第一步对我来说挺难的，可如果不勇敢迈出第一步，不去尝试一下，怎么能知道自己行不行？很多机会往往是因为自己对自己的否定而错过的。

百般纠结后我走了进去，跟众人坐在了一起。

我想当时在场的每个人内心都隐藏着一个勇敢的小护卫，也许我们的这一点点勇气在别人看起来并没有什么，但对我们而言绝对是人生的一个突破。

我建议你们在大学时也去外面兼职试试，这样你就会看到自己被潜意识埋没的另一面。有时候我们真的不必太在乎别人对自己的看法，要告诉自己：我可以！

②独立

我们每个人都是孤独的个体，迟早有一天要学会独立生活。

我貌似从大二的时候起就已经实现经济独立了，很少再伸手向父母要生活费。

我姑妈经常教育我："当你满十八周岁那天起，你的父母对你就已经没有责任和义务了。他们给你生活费是出于情义道德，如果他们不给，那也无可厚非，请你不要觉得自己还小，花父母的钱就是理所应当。"

我妈每个月都会给我一千五百块钱的生活费，但自尊心强的我一直想摆脱这种靠爸妈"救济"的生活。

于是我努力读书、努力写作、努力学习专业课，在大一结束时，我获得了专业奖学金和国家励志奖学金。后来我们成立了团队，为别人拍摄宣传视频、个人写真。我还在网站上发表文章，被人赏识后聘为散文编辑，而后又出版了图书合集，偶尔还会在杂志上发表文章，大二那年我为自己解决了一万多的生活费。

除了经济以外，我在生活中也很独立。我知道自己该做什么，不会因为别人的想法而影响自己的决定，更不会因多数人的看法一致而盲目地去选择做跟他们一样的人。

我们每个人都有自己的生活方式，会在不同阶段遇见不同的人，有些人匆匆为我们上一课后就离开了，能够对你不离不弃的第一人始终是自己。

我们要挣脱父母的怀抱，学着独自飞翔！

③坚强

一个人在外生活难免会遇到很多不顺心的事情，学习、生活以及情感都会在无形中给我们带来很大的压力。

我很少参与学校组织的团体活动，去了也是为了获得实践操行学分。后来我在老师的引荐下进了报社，不久后我带的小分队取得了优秀的成绩，超过了报社里很多老骨干团队。或许是因为不服，也或许是出于忌妒，从那以后，我发现社团里的很多人开始在背后诋毁我。

我咽下了委屈和苦恼，不断告诉自己：我是来做事、学知识的，不是来和别人吵架的。就这样我在报社里待了一年，得到我想要的东西之后默默地退出了。

正是他们的谩骂和诋毁使我的抗压能力越来越强，我曾用了无数个夜晚将他们的嘲笑转化成我奋斗路上前进的垫脚石，他们越打击我，我就越有冲劲，我相信人生没有什么是不可能的。

很多人说，对就是对，错就是错，但长大之后你就会发现，很多事情没有明确的对与错、是与非。哪怕一百个人当中有九十九个人和你唱反调，你还是要学会坚强；哪怕全世界的人都不认可你，你还有自己，不是吗?

一个人想要得到多少赞美，就要承受得住多少诋毁。

压力是每个人都不可避免要承受的东西，但无论什么时候，只要它降临到我们身旁，我们就要以坚强、不畏惧的态度去战胜它。

④成长

我们每个人在成长的过程中，无论身体还是心智，都会发生微妙的改变。

你刚进大学时一百三十斤，现在瘦到了九十斤，减肥成功；

你曾经除了看电视、打游戏外无所事事，现在却培养出了很多兴趣爱好；

你之前的生活过得饭来张口、衣来伸手，如今却连向父母要钱都觉得是一件很羞愧的事情；

…………

我们都在变得懂事，变得越来越像个大人了。

你我都在路上奔跑着！

多年以后，无论肩上的责任有多重，愿我们都能笑得像个孩子一样开心、幸福。

或许，这是我最大的收获

01

大学四年，我没有做过什么轰轰烈烈的事，也没留下些让人刻骨铭心的记忆，就这么悄无声息地在岁月的流逝中为校园生活画上了句号。

“未来的路，该怎么走？”

“或者未来该活成什么样子？”

这些天，不管是走在路上，还是躺在床上，我总在不停地问自己。

每当我需要做出选择或者对面前的路稍有迷茫时，脑海里总会跳出两个小人争论不休。

其中一个小人安逸、胆小、自卑，“别人做什么你做什么就对了，不要搞特殊，顺利拿到毕业证回家乡找份工作，然后结婚生子，这才是你最正确的道路。”

另一个则不安于现状，喜欢冒险，乐于挑战新生事物。“不，你不应该活成这个样子。你这么年轻，世界那么大，你还没亲眼看过大城市的繁华，怎能甘心过这种一眼就望到死的生活呢？你的翅膀刚长全，你应该去外面扑腾几下，万一梦想实现了呢？”

…………

小城市里，住着我最亲近的人；而大城市里，藏着我小时候的梦。随着年龄的增长我也渐渐明白，有时候鱼与熊掌不可兼得，不管选择哪条路，做好自己才是此生最重要的事。

02

成长很累，却是我们应走的路

没有上大学之前，我多愁善感、自卑寡言，遇到新鲜的事情也不会与别人交流。

2014 年我爸妈把我送到学校，他们准备离开的那一刻，我觉得自己就像是被抛弃的小绵羊。看着他们的背影，我不顾形象地在路边流着眼泪。

我妈每次给我打电话，总会问我有没有想家，我总是佯装坚强地说："没有啊，我一点儿都不想你们，每天忙死了，哪来的工夫去想家，我一切都很好！"

我分明很想家，却还要装出一副无所畏惧的模样；

分明自己承受的压力和挫折很多，我仍咬着牙说着："没事没事，我能解决！"

后来我才意识到，这就是成长。虽然有点痛，有点违心，但是感觉自己又上了一层台阶。

时光会改变一个人的容颜，也会改变我们的命运，只要勇敢地迈出第一步，每个人都会在未来遇见那个更优秀的自己。

03

我们都在改变，变得成熟和懂事。

大学这几年，我很少说话，心中默默地对身边的每一个人都做了简单的总结。俗话说，林子大了什么鸟都有，对处得来的人我就真心对待，处不来只能分道扬镳。

也许是看太多书的原因，我总感觉自己要比同龄人成熟懂事得多。为了不显得太突兀，有时候我也会故意向他们靠拢。虽看不惯一些人的处事风格，但我也只能睁一只眼闭一只眼。我们不是谁的谁，但要对彼此保有最起码的尊重。

我学着装傻，尽可能地明世故而不世故，在别人眼中我活成了一个天真单纯还有点犯傻的姑娘，我以为这是我带给他们的最好的善良。

我的忍耐力越来越强，我并不在乎别人在背后说我什么，任他们怎么想我，我自清风明月。挑拨离间、钩心斗角、盲目攀比不是我想要的处事方式，我深信靠走捷径、诋毁别人而强大自身的人走不远，所以我每走一步都脚踏实地。

我喜欢做自己，觉得一个人给予别人最基本的尊重就应该是让对方觉得舒服，不让对方下不了台。四年的大学生活里，与人相处方面让我感触最深的是，不给对方难堪就是最好的交友状态。

现在的年轻人，总会莫名其妙地产生误会、发生争吵，然后就再没有了联系。很多人的友谊断送在一时冲动之下，所以理智才显得尤为重要。

讲真的，大学这几年的人际交往经验让我明白了，不管是多好的朋友，永远不要讲一些让对方难堪的话。这是你的修养，也是你的气度。

04

遇见的每一个人，都是我们一生的财富。

从小学到中学，再到大学，身边的人换了一批又一批，毕业后我们还会遇到更多人。

前段时间，一个大学同学突然找我聊天，她说："你一直对我很好，大二那年你拿了一等奖学金，我跟她们一起排挤、诋毁你，我现在才发现那完全是忌妒心惹的祸，自己不好也见不得别人好。你恨过我吗？"

说实话，我没有，反而觉得这很幼稚。就好比没有人会去议论一个乞丐。木秀于林，风必摧之；行高于人，众必非之。别人如何我不管，我还是我，我渴望越走越远。

或许其他人从来没看好过我，即使一路上充满了质疑和嘲弄，受尽排斥和侮辱，但我仍然要保持着微笑。

没有他们的孤立，也不可能成就今天的我，感谢他们，让我活成了自己想要成为的模样。

值得我怀念的，是那些一路上默默在背后支持我的人。他们和我一样，有梦想、有胆量，敢想、敢做，对未来满怀希望。

还记得有一年放暑假，我没有回家还在学校，一个平时和我玩得很好的朋友对我说：“大学这几年我很看好你，不管未来的道路怎么样，但愿你仍能保持对写作的这种热情，要加油！”她说这话时眼中饱含深情，我听了很感动。

感谢我身边出现的所有人，让我体会到了“精彩极了”与“糟糕透了”的感受，正是这两种截然不同的经历，才让我一路坚持到了现在。

无论你即将面临什么，我都希望多年以后，你还记得自己当初追逐梦想的模样。

愿我们，一切安好！

是啊，我们都成为遇事不动声色的大人了

01

最近在忙着毕业的事情，我知道这一天迟早会来，但没想到来得这么快，快到让我开始质疑自己是否做好了进入社会的准备。

大四是学校生活和社会生活的分水岭，身边的同学都准备好要起跑了，时间一到，他们便会全力以赴地奔向这个社会，开始以另一种身份重新审视生活。

“我计划利用大四的时间好好提升一下自己，即使现实让我伤痕累累，抑或被压力捶打得喘不上气，哪怕最后一无所有，我也不会后悔，因为我曾经经历了这么一段奋发向上的岁月。”

当时，我们站在讲台上信誓旦旦地说着誓词。

转眼半年时间过去了，我不得不承认，那些待在你身边将近四年的老同学有一天会变得出乎你的意料。渐渐地你会感觉到自己身边的每一个人都在从幼稚走向成熟、从无知变得懂事。

原来，我们也长成遇事不动声色的大人了！

02

临毕业前，我们只要没课，就喜欢躺在床上玩游戏，一躺就是一天，微信里的运动步数从来没有超过一千步。

那时我闺密 W 一周只有两节课，由于东北的冬天很冷，除了出门上课以外，剩余时间她基本都在床上度过。她妈妈很关注她的生活，经常通过微信运动的功能了解闺密一天的日常。

只要 W 一天没出门，微信运动步数显示为“0”，她妈就会打电话过来唠叨几句：“怎么最近都没有课，看你一天连五十步都走不到，没课的时候也不出去走走吗？天天窝在寝室里养膘啊！”

她既不想出去走路锻炼，也不想天天听她妈唠叨，于是采取了一些措施。一到晚上的时候，她就会举起手机开始不停地晃动，随着晃动微信运动里她的步数也在不断增加，她就这样躲过了妈妈的查问。

现在，眼看到毕业季了，我们貌似都褪去了曾经稚嫩的外壳，身上多了些许责任和担当。

03

自从去年 7 月份之后，我和 W 就不再每天陪伴在对方身边了。她开始了她的实习生活，我也开始了自己的规划和打算。

她的微信步数不再是个位数，甚至有那么一段时间，她每天都会在微信运动步数里走出十万左右的数字。好奇心驱使下，我截图了一个比较吉利的数字，然后发给她，调笑地问道：“你最近一个月在干吗？每天都是十万左右的运动步数，拿手摇那么多步数不累吗？”

没想到 W 的回复却十分语重心长的样子，我第一次见她那么认真。她说自己最近很累，上班地点离家很远，每天基本都是走路上下班，并且还要出去跑业务。她妈又嫌她胖，给她办了一整年的健身卡，晚上下班后她还要去健身房待两三个小时。

她说自己现在每天都在动，还走出了常人难以达到的十万步数字，说不累是假的，但充实也是真的。

她还说了一句我至今仍记得的话：我们都在生活的逼迫下成长，尝试着改变，也在努力做得更好。

回学校答辩时，我见到了 W，和她说起未来的发展和目标时，她谈笑风生，说得有模有样。不仅如此，她还变得越来越好看了，不仅是外貌上的改变，还有了一种魅力，那种属于成年人的魅力。

毕业了，我们都变了，变得再也不是当初那个异想天开、胆大狂妄的自己了！

04

W 问我对未来有什么计划，我笑着说："你都能在微信运动里挑战极限了，我肯定也要去做些你无法预测的事情给你看看啊！"

其实对 W 的问题，我自己也不是十分清楚。我妈一直催我，让我赶紧回家，在老家找份工作，然后待在他们身边，安稳地度过接下来的人生。

虽然我还没想好自己跳出学校这个安乐窝后的生活该是什么样子的，但我妈让我走的这条路，从来没有在我的未来规划里出现过。

我啊，和大多数漂泊在大城市里的毕业生有一样的想法，不甘平凡，害怕平庸，有着敢于冒险的野心。虽然我无依无靠，找不到归属感，但好在随性自由、四海为家。

正如诗里所写的：

深黄的林子里有两条岔开的路，
很遗憾，我，一个过路人，
没法同时踏上两条征途，
伫立好久，我向一条路远远望去，
直到它打弯，视线被灌木丛挡住。
于是我选了另一条，不比那条差，
…………

我相信很多人和我一样，对未来迷茫、对社会恐惧，但仍不甘心安于现状、一成不变！

我们都是敢于冒险、不愿停止脚步的年轻人，愿我们永远保持着这份热情，对未来充满虔诚的渴望！

我不想要那曾不被看好的人生

01

1996 年出生的我，经历了小学、中学以及大学后，人生路上的脚印有深有浅，组成了错综复杂的纹路。它们交织成了一张网，将所有关于我的故事完完整整地汇集在了一起，就像专属于我的青春根据地。

我自认是个在逆境中成长起来的孩子。盲目自大、叛逆任性、不安于现状，或许就是我上大学前的私人标签吧！

我父母总喜欢拿我和别人家的孩子比较，而恰巧亲朋好友家的孩子们个个懂事乖巧、勤奋上进、学习成绩名列前茅，阿姨叔叔们口中的我则是："她学习不好，脑子不行，不要经常和她玩！"于是，

“我不行”“我不懂事”“我将来没出息”成了他们这些人心中对我根深蒂固的看法。

二十岁后，我成了遇事不动声色的大人，褪去了青涩，脱掉了浮躁，摘下了面具，选择为自己的生活拼一把。我常常因为事情的不确定性而陷入忧郁中，彷徨、焦躁、不知所措，但正是这样的过程让我逐渐变得成熟起来，开始明白一些事情，开始学会为自己的选择承担后果、为渴求的未来付出所有。

现在的我啊，没有了放荡不羁的笑容，曾经的桀骜不驯也荡然无存了，即使成长使我感觉很累，但我早已不能选择后退。

因为：

我怕这一生碌碌无为；

我怕辜负了自己的野心；

我怕活成自己最讨厌的模样。

对我那原本不被他人看好的人生，我想打出一个绝地反击。

我在很努力地生活，只为给自己争取一个十全十美的结局。

02

“你想要考清华北大？别做梦了，吹牛之前先掂掂自己的分量。”

“你长得这么丑，以后找男朋友都是问题，快去好好学习，不然到时候一无所有。”

“你染发、化妆、喝酒、逛夜店，一看就不是好学生，未来肯定没出息！”

“就你，想想得了，根本不可能……”

“你要是能考下来，真是你家祖坟上冒青烟了。”

…………

上面这些话，我从小听到大，正是这接连不断的质疑和嘲讽把我磨炼得越来越独立、越来越要强。

曾经也有读者向我哭诉，说自己也过着同样遭人非议的生活，不断被人嘲笑、质疑和讥讽。

不看好你的人只记住了你浑浑噩噩的样子，无论之后你变得多优秀、多努力，在他们眼中，你也只是在作秀。他们认定聚光灯永远不会照到你，因此无论你做什么、想什么，他们都不会支持你、认可你，你只能一步步去证明自己能行！

现在的我，依旧不是那种特别优秀的女孩子，喜欢别人但不敢开口，有自己的小梦想却怕被同学们嘲笑。很多人说，女孩子不要太拼命，嫁个有钱的老公就好了；女孩子不要太要强，太要强的女孩子不幸福……

可是我不甘心一辈子过着这样安稳的生活，我想轰轰烈烈地过我的人生。

o3

我想给大家讲一个自己的故事。

五岁时上幼儿园，我总会多看几眼墙上的国画，看得入迷了，有时竟会忘记上课时间，老师找不到我便会四处找，同时还会通知我妈妈。妈妈来后，不问原因，总是先把我臭骂一顿，打击得我一无是处。

十几岁时知道自己究竟喜欢什么，每次回到家我总会拿起笔开始画书中的人物，妈妈会走过来一把扯了我的画，很恼火地说着："不好好写作业，怪不得成绩不行。你看那谁家孩子又是第一名，你呢，成天不务正业。"

我做的每件事情，我妈都不看好，还时常会在我同学和叔叔阿姨面前吐槽一大堆事，以此来证明我干什么都不行，身上没有一处闪光点，事事不如别人。

我不知道她为什么要这么做，后来她跟我说，她想让我时时意识到我“不行”，促使我努力上进。

可是我让她失望了，也是从那时候起，我的同学经常学着我妈指责我的不是，她们觉得我什么都不会，做什么事都不叫我一起。那时我开始不再说话，喜欢藏在角落里偷偷看别人。

直到后来上中学、大学，我不敢报名参加活动，不敢一个人上台讲话，永远都在逃避，似乎心中一直有个小人在说：“你不行，你永远比不上别人。”我无论干什么都没有信心，也不抱有希望和期待，眼看着同龄人都在进步，追求着自己想要的东西，我却在不断否定自己，犹如行尸走肉般苟且地生活着。

其实我并不想要这样的生活。

是啊，谁都不喜欢这样一个颓废的自己，经历能造就一个人，同时也能毁掉一个人。父母和同学的诋毁和不看好，一次又一次摧毁了我的自信心，让我失去了活出自我的资本和权利。

04

我在书上看到过这样一句话：人的自卑胆小心理，百分之九十九是在长期受打击中形成的。

就比如刚认识新同学，你会因对方的一句“你长得真丑”“你好笨”“你不行”而闷闷不乐好几天；在一起吃饭时，你会因为父母夸奖别人的孩子顺带拿自己做反面教材而生气。

长得胖本没有错，天生脑子笨也没有错，可说你的人多了，你内心总会情不自禁地产生错觉：我估计真的不如别人吧。

你原本信心满满，刚做好“起跑”的姿势，一夜之间便被唾沫冲落到了低谷。

我昨晚又重温了朱莉娅·罗伯茨主演的《奇迹男孩》，这个男孩从生下来那刻起就很自卑，先天性缺陷，不管走到哪儿都会戴着头盔。

他的妈妈并没有放弃他，鼓励儿子多结交朋友，夸赞他是全天下最坚强勇敢的人，并且时常告诉儿子：“别人可以做，你为什么不可以去做？别人行，你也一定行，咱们不比别人差。”

时间长了，儿子不再低迷，反而越来越有自信，身边的朋友也越来越多，每个人都特别尊重他。他也不再继续戴着头盔掩饰自己的缺陷，反而敢于在每一个人面前展示真正的自己。

他自信地笑了，笑容里藏着希望，藏着对未来的肯定和憧憬。里面有句台词引起了我的共鸣，以至于我与人沟通时经常引用这句话：

“没有人是普通的，每个人都值得大家站起来为他鼓掌一次。”

05

人都是平等的，没有谁一身优点，也没有谁一直被缺陷笼罩。那些深陷自卑多年的人，抛掉别人对你的成见，认真地好好看一次自己：没有什么不行，没有什么不敢，也没有不如别人。

当你不再在乎别人的看法，勇敢迈出第一步时，就会慢慢爱上自己，逐渐找到之前缺失的那份美好。

复旦大学教授陈果说过：自信是自己相信自己。别人相信你，不是自信，而是他信。当你活成你自己，你会发自内心地喜欢自己，这才是自信。

如果你身边正有人经历着不被看好的阶段，我希望你能站出来赐他一道光芒，多年以后，他定会将你铭记在心，记下你曾经的善良和美好。

他们说：“你不聪明，长得不够美，身材还不好，你永远比不上别人！”

别人是谁？他们又怎么知道？

所谓的看法都是狗屁，你是谁只有你自己说了算，这是哪吒的爹告诉过我们的道理。

有一段时间我很喜欢一个作家绿妖，她写过：

我糟糕的青春期给我最大的礼物是一颗火种，这么多年来，它清晰地在我的心脏中燃烧，照亮我、温暖我，有时也烧伤我、刺痛我。我不赞美，只是接受，接受我的心里有愤怒有仇恨，接受我的心里有爱有希望。而后者的光芒，越来越亮。

滚蛋吧，那曾不被看好的人生啊！

你啊，要在独立中学会成长

01

几个月前，小华的录取通知书下来了，全家人都很开心。

小华的父母在重点高中当老师，小华自然而然在自己爸妈的眼皮子底下读书。听我妈说，小华的学习成绩在全校数一数二，是学校重点培养的对象。当然小华也很刻苦，一心想上一所好大学。

他第一次高考成绩和北大和清华的录取分数线差十分左右，后来复读了一年，对所学知识框架又进行了细化和巩固，最后以全县第一的高考成绩被北大录取。

小华的父母宴请亲朋好友吃饭庆贺，并且在朋友面前不断夸自己儿子优秀、懂事。作为对小华的鼓励，他妈妈当场就问他想要什么奖励。

小华家的教育理念一向是赏罚分明，做错事要认罚，考了好成绩、帮忙做家务等有奖赏。正是这样一种教育观念，让小华一直在努力着，拼命想当第一名，因为他心里明白，只要自己好好学习，父母就会很开心，他就能得到自己想要的东西。

上小学时，班里面最聪明的人就是小华，老师每次点名夸奖的时候总有他，小华的妈妈开完家长会后总会给他买一堆好吃的东西。

中学时代，在学习上小华不允许别人超过自己，如果这次他退步了，下次他就要使劲赶上去，夺回自己第一的位置。每次他考第一，小华的爸爸总会奖励他，或是一顿大餐，或是一部手机，生活费也会多给一些。

如今他要去北京读大学了。当妈妈问起他想要什么奖励时，他直言不讳地说："我想要每个月七千块的生活费。北京物价那么高，生活压力那么大，我背井离乡独自去读书，想要足够的经济支撑。"

听小华说完这话后，他的父母只当他说了一句玩笑话，立马转移了话题。最后小华究竟得到了多少生活费，我们不得而知。

我想对小华的父母而言，现阶段最正确的教育方式，不再是赏罚分明,而应是学会放手,让小华去直面社会现实,在独立中学会成长。

02

前段时间，我看到一条新闻。

小珠作为独生女，从小被父母宠爱到大，从来不缺少物质方面的关怀。父母对小珠的物质要求一贯是要多少给多少，小珠在吃穿上也完全不吝啬，看到喜欢的东西就买下来。高考成绩出来后，小珠轻轻松松地被省内一所一本院校录取了。

上大学前一周，小珠要求父母一个月给她五千块钱生活费，听了这话，父母有点寒心。

小珠的爸爸语重心长地对她说：“你知道我跟你妈一个月工资多少吗？你知道我跟你妈一个月要干多少活才能拿到这份工资吗？爸妈会越来越老，以后不能养活你一辈子，你想要过好一点的生活我们理解，可你的要求超出了我们两个的经济能力，你始终是要学会自己养活自己啊！”

小珠从不关心这些，只知道爸妈在哪里工作，却从不知道他们是如何工作和赚钱的。作为子女，小珠一味地索取，总以为父母供养自己长大、读书，竭尽全力让自己过上更好的生活是应当应分的。

谁说不是呢？自己想要的生活，只能自己去争取，一味地向他人索取、啃老只会让我们的生活渐渐陷入困境。生活中有许多这样的人，将实现自己的人生信仰的重担压在别人身上，最后落个两败俱伤的结果。

家庭教育中，父母除了要求孩子学习成绩好外，还应该让孩子树立起正确的三观，这在人生课堂中是最难能可贵的财富。

03

我的朋友小妞上大学期间，她父母每个月只给八百块钱的生活费，因为家庭条件不好，小妞从高中起就很懂事、很听话，也很优秀。

上大学后，小妞省吃俭用，一日三餐基本在食堂解决，也很少像其他女孩子一样买衣服、化妆品。她一直合理地安排着自己的花销，衣食住行各个方面她都会做出相应的计划。如果自己有想要的东西、想学的课程，她会用周末出去打工赚来的钱解决问题。

小妞一边学习，一边做兼职，目的就是不想再向父母要生活费，想靠自己的能力实现自给自足。

很多同学曾在背后议论她，甚至也孤立过她，但小妞对这些貌似从来没放在心上过，她一个人将自己的生活过得十分丰富多彩。大二的时候，她存下了一笔钱，来了一场说走就走的旅行。

大学四年下来，小妞用各种奖学金加上打工赚的钱负担了所有的花销。现在当她谈起这些时，心酸中溢满了数不尽的幸福感。

这种幸福感是小妞赋予自己的，这段经验想必是她此生最值得骄傲的财富了吧。

我们要成长，就要经历生活的残酷。每个人的经历不同，也许你现在仍然很“幼稚”，但即使晚一点也没关系，我们终会变得成熟。

04

大学生一个月究竟要多少生活费才合适呢?

我采访了十个大一的新生，月平均花销在一千到一千五之间。每个人都有自己的金钱观念以及消费观念，大学生活正好可以培养一下正确的理财观和消费观。

无论家庭条件怎么样，我们都要尊重父母的劳动成果不是吗?不管是学业的提升、视野的开阔，还是人际关系的培养，只要有助于我们成长的活动都可以参与，合理规划，理性消费。

最后，愿我们早日在生活的洗礼下蜕变成一个不动声色的大人。

生命和未来，孰轻孰重

01

早晨醒来，我打开电脑开始早读，只见微信的聊天对话框不停地闪烁着。

小美在七点左右发来了消息：“我爸不在了。今天早晨我妈给我打电话说，老爸昨晚就不行了，我要回家去。”

我盯着屏幕愣了五分钟，脑中只有两个字，“不在”。我很滑稽地对自己说：不在了，只是不在家了，肯定是出远门了……

“我一会儿去找你！”我的手不停地颤抖着，我断断续续地打下这句话发了过去。

我知道这只是别人家的事，跟我没有任何关系，可我的心情依旧很沉重。该怎么形容呢？

就好像你和你闺密同时站在悬崖边，当你扭头欣赏身后一望无际的美景时，闺密没站稳失足滑落悬崖，你眼睁睁地看着她跌进万劫不复的深渊却只能痛哭，责备自己的无能为力。

02

我见到小美时，她表现得很从容，正在和她妈打电话。但我能看出来，她在很用力地强忍泪水。

我送小美到车站的路上，她和我说了她爸的状况。小美的爸爸是一名货车司机，因为想多赚一点钱，于是夜以继日地开车送货，一天之中只在等待货物装车的那段时间才休息一会儿，剩下的时间基本都在工作。他常年奔波于各城市、各个地区之间。

就在半个月前，小美的爸爸由于缺乏睡眠，精神状态不佳，开车的时候打了个盹儿，在极其疲惫的状态下不小心撞到了树上，在医院抢救了很久，昨天还是走了。

小美流着眼泪对我说道："没事的，我一定会挺过去的。"我知道她的内心早已千疮百孔，但她还是表现出一副坚强的模样，看着令人心疼。

后来，我们都沉默了。我看着她，她看着窗外，我想说点什么，可始终没有勇气说出来。

突然，小美扭过头来对我说：

“聪儿，我今年不准备考研了。我爸不在了，家里需要我，我要好好工作，努力赚钱。

“还有，那个国际马拉松比赛也不用给我报名了，我不参加了，我累了。”

我哽咽着道：“好。”

有些事情，我们之所以无法承受，就是因为太过在乎。

想想我们曾经说过的那些豪言壮语，曾经追求的美好生活，在生死面前，貌似都是那么虚无缥缈的。

03

前一段时间，微信朋友圈里转发了一篇关于“轻松筹”的帖子，我很好奇地点开了，里面有三张图片，一张是白血病的化验单，一张是身份证，还有病人在病床上的照片，照片中的人是我初中时的同学。

他很早就不读书了，在上海打拼，之前听别的同学说，他混得还很不错。可正值事业高峰期的他却查出了自己患有白血病。通过筹款信息和评论，我了解到他住院治疗已经很久了，可病情迟迟不见好转。他身边的人都在奉献着自己的爱心，谁都不愿见到他英年早逝。

这让我不禁感叹，生命是如此脆弱，命运又何其残忍。

我想，当他的父母拿到化验单时，肯定好几宿无法入眠吧。

当医院的医生对他们说要做好最坏的心理准备时，想必他的父母不止一次在病房门口恳求医生："即便倾家荡产，请您一定要医治好我儿子！"

当面对巨额的治疗费用和住房资金催缴单时，恐怕他们早已后悔不已，早知道孩子在外面奋斗要背负这么大的压力，也许当初应该坚持让他留在小城市里安稳度日，那样或许就不会有这样的事情了。

从小到大，我们总在不停地向前奔跑着，忙着上学，忙着上班；忙着干活，忙着赚钱……

很少有人能慢下来留意一下自己的健康状况，想一想自己究竟想要什么样的未来。倘若追逐未来的路上，不幸的意外先到来了，我们到底能不能承受？

我多么希望，世间能多些幸福，少些离别。

在追逐未来的过程中，保护好身体既是对我们自己最好的照顾，也是对父母最大的孝顺，不要让爱我们的人悲伤绝望，也不要让疼我们的人撕心裂肺。

04

我不止一次幻想过，如果小美的爸爸没有因为意外去世，她就不会放弃考研，她也可以照常参加马拉松比赛，为自己的人生书写下一段段精彩的篇章。

如果我的那个同学在工作之余关注一下自己的健康状况，经常体检，也许他的父母就不会像现在这样每天以泪洗面。

我之前看过一个段子：你打游戏时，别人在熬夜加班赶项目；你上班“摸鱼”时，别人在卖命拼酒陪客户；你晚上睡大觉时，别人在废寝忘食地工作；你跟女朋友出去旅游时，别人在通宵做商业计划书……这就是别人二十多岁猝死在工作岗位上，而你皮肤好、气色好、精神好的原因。

现在有太多的年轻人拿命去赚钱，可钱赚得再多，若没了健康，甚至让自己处在死亡边缘，这半辈子的付出又有何意义？

我记得周西在演讲里说：

“我希望那些努力拼搏的人，在他们满满的行程表里，留出一点点空隙为自己的健康考虑。

“我希望一辈子为自己树立无数目标的人，问问自己，如果有一天未来和意外当中意外先到来，你有没有想过自己最想要的是什么？你能承担起那份责任吗？”

身体是革命的本钱，对父母、对爱我们的那些人来说，只有健康地活着，每天活得开心快乐，才是对他们最大的回报。

我们不要等到事情发生了之后才感叹“早知道……就不应该……”；不要等到后果已经无法挽回的时候才开始明白“如果……就好了”。

我们永远不知道未来和意外哪个先到来，但一定要尽可能地保护好自己的身体，不要让爱我们的人伤心难过。

05

记得小时候，我闭着眼睛双手合十，向着天上的星星月亮祈祷着：长大后我想要功成名就，想要让更多的人认可我，还想要成为一个像某某那样厉害的人。

可是现在我想想，即便走到了那一步，又能怎样呢？我会像现在这样开心幸福吗？那样的日子，就是我想要的生活吗？

即使将来事与愿违，但只要子女健康成长、父母平安无虞、阖家团圆，这样的生活又何尝不是人世间最大的满足和快乐呢？

如果时间能够倒流回小时候，我想我会对着流星重新许愿：

唯愿天下所有的人不求功成名就，只求身体健康、阖家幸福！

没有人甘愿浑浑噩噩地过一生

01

昨晚我出去散步，碰见了我多年不见的发小儿，她貌似比以前更成熟知性了。在聊天时我听她说起她妈妈最近总是逼她相亲，想让她赶紧找个依靠，了结终身大事。

她虽然不情愿，但没办法，母命难违！

她问了我很多问题：毕了业想干什么？还回小城市来吗？以后会找个什么样的人结婚……

上大学这些年，很多人问过我这些问题。之前对此我总是支支吾吾说不出什么，因为我不知道毕业之后自己能干吗、会选择哪座城市发展、将来会遇到什么样的人。

一直以来，我妈就想让我毕业后回家考公务员，过安逸的生活，有稳定的收入，然后在合适的年龄邂逅一场爱情，早点结婚。这就是她眼中我应该活成的模样！

父母觉得我应该像我的发小儿那样，听父母的话去上卫校，毕业后接受父母安排好的工作，现在就连将要陪伴她一生的人，父母都为她选择决定好了。

从小到大，我一直扮演着“乖乖女”的角色。我知道，父母是世上与自己最亲近的亲人，他们做什么事情都在为我着想，他们费尽心力、不辞辛劳地将我养大，是永远不会骗我的人。

“安分守己”“乖巧懂事”“墨守成规”，在过去的二十多年里，这些是我身上根深蒂固的标签。

02

大学毕业后回家乡工作，等稳定后开始相亲，遇到看得顺眼、各方面条件合适的人就立马结婚，我问过自己：这是我想要的生活吗？

随着年龄和阅历的增长，我越发能听清自己内心的声音：

“我想跳出重围做自己，我想挣脱那根拴住翅膀的线，我想走出去看看世界，我想勇敢地飞翔！”

今年寒假，当我妈再和我谈及未来的话题时，我告诉了她我的真实想法。

我妈听完对我说：“这个社会很不公平的，在外四处奔波，你要混到什么时候才能在大城市立足生根？这个世界很残忍的，你去外面会吃很多苦，不要把所有事情看得过于简单！”

有的人生下来就穿金戴银，有的人却连饭都吃不起；

有的人生活得光鲜靓丽、一身名牌，而有的人早出晚归地在外工作只为赚取一顿饭钱；

有的人一天消费五万，挥金如土，而有的人连出门打车都精打细算；

…………

这个世界确实不那么美好，但我还是对它抱有虔诚的渴望，至少它给了我改变的机会，我可以通过自己的努力，撑起属于我的那片蓝天。

o3

我从十二岁起就开始住校，只有到了周六、周日才能回家。

那时候，我感觉家就像是一个旅店，我只是回去放松两天，随后就又要开始一星期的学习大战。

后来我去了东北读大学，只有寒暑假的时候才回家。

那几年，家对我来说不再像是旅店，虽只有冬、夏两季能够回去，却让我觉得格外温暖。

我就像放飞的风筝，之所以可以无忧无虑地飞翔是因为我知道有一根线紧紧地在父母手中握着，他们为我指引着方向，教我怎么能飞得更高，想尽一切办法让我避免摩擦相撞……

大学时，我想要加入学生会，参加各种活动，更好地展示自己。我妈跟我说不是自己很喜欢的活动就不要去，先提升自己才最重要。

曾经我喜欢过一个人，对方不知道，但我想让他知道，于是室友鼓励我大声地说出自己的爱，我妈知道后对我说："如果没有足够的时间和精力，就不要轻易地去开始一段友情或爱情。"

我偶尔会放肆一把，玩个通宵、和朋友喝得烂醉如泥。

之后我听我妈讲，每次给我打电话，只要手机显示关机状态，她就会紧张焦虑。她还郑重地嘱咐我："哪怕发生天大的事情，永远不要一个人扛着。你一个人在外面，悬着全家人的心，在你还未走入社会前，看管好你是我们的责任！”

我一直认为，他们管得太严，束缚了我，殊不知在线的另一头，是他们深深的牵挂。

04

我不甘心安安稳稳地过一辈子。

我不害怕现实的残酷、人心的险恶，我相信世界会善待每一个默默努力的人。比起碌碌无为，我甘愿行走在挥汗如雨的奋斗路上。

我时常会想，自己以后会变成什么样呢？

是走在人群中闪闪发光，还是卑微到尘埃里，抑或是努力到最后依旧一无所有？

不管最后等待我的是什么，那些走过的路、流过的泪都是我用青春续写下的故事。

没有人甘愿浑浑噩噩地过一生。我们就像放飞的风筝，总想着飞得更高、更远，可不论最后的结果是好是坏，都不要忘记，线的另一头有我们永远的彼岸在等待着我们回归……

女孩，光漂亮是没有用的

01

不知道从什么时候起，我不再过度关注自己的外表。你问我外表重要吗？确实很重要，但有时候哪怕你有倾国倾城的外貌，面对生活依旧束手无策。

小杨今年上研究生二年级，他在我的朋友圈子里面属于学霸类型的人。高中毕业后，他考入了上海一所“985”高校读书，后来上学没多久便找了一个非常漂亮的女朋友。

两年前的圣诞节，小杨带他的女朋友来东北找我玩，我带他们去了雪山，看了冰雕，还让他们认识了我一直挂在嘴边的东北大耗子。那几天的行程中，他们两个人的甜蜜，让我分分钟想把自己埋到雪地里，好对他们视而不见。

后来因为时间和距离的关系，我再也没有见过他们，只是偶尔通过网络和他们寒暄几句。

去年9月份，我从高中微信群里得知，小杨考入了北大研究生法学系，他的女朋友跑到了小杨上学的地方工作。

两个人，同一座城市，选择了各自不同的生活。

02

就在上个月，小杨找我聊天，对我说了一大堆心里话。他喜欢上了学校里每天跟他一起上课的一个女同学，她努力、上进、有思想，小杨觉得跟她在一起的感觉很舒服。

没等他说完，我忍不住怼了他一句："你未免太'渣'了吧，那你的女朋友怎么办？"

"她工作后，每天到处喝酒跑业务，还整天刷抖音视频、玩游戏，没有一点儿上进心，我说过她很多次了，可她还是无动于衷。我感觉自己跟她越来越不在一个频道上，相处得越来越累……"小杨沉重地说道。

最后，小杨和女朋友分手了，他选择了那个长相一般但积极向上、有发展潜力的女生。

我当时无法理解他的做法，可是后来渐渐地就懂了。

也许有时候恋爱中的双方真的需要“势均力敌”，两个人要共同成长，倘若一方跟不上另一方的步伐，终究会被跑得快的人甩下。

“因为人的本能，是希望更多地探求生活的外延和内涵。”

o3

昨天刷微博的时候，我看见杨幂和刘恺威离婚了。说起杨幂，她可谓娱乐圈的“拼命三娘”，结婚后没多久就复出拍戏。她说不管评价是什么，希望大家看到的是她一直在努力和遵循匠心精神，一直在努力工作。

她在一期综艺节目里，曾聊到自己的爱情观：

“女生一定要独立，最重要的还是要做自己。很多人谈恋爱，一开始把自己变成对方喜欢的样子，时间久了就会变质，有一天会成为吵架的理由，所以两个人应该健康地交流，不过分依赖，慢慢建立信任。”

金星问过杨幂：“如果你想给你父母买套房子，你会和刘恺威商量吗？”

杨幂说：“不会，我买得起。”

努力的意义也许就是当你给自己或者父母买任何东西时，不用考虑另一个人的感受，不会因对方的拒绝而变得束手无策。

就算两个人分开了，没有对方，你自己依旧可以活得很好。

岁月漫长，只要肯努力，所有的美好都会如期而至。

04

昨天我在朋友圈发了一张自己用了两年的壁纸图片，图片中写着：“我知道我没那么优秀，但是我有梦想，并且一直在努力。”

有很多读者在评论区说着自己的故事，每一个人都在为改变自己而努力活着。大千世界中的你、我、她，都在拼尽全力地去做一个有故事的人，尽管路途坎坷，但我们很快乐。

好好努力、好好生活，做一个可爱的人，不将就、不妥协，独立自信地面对世界，每个人都可以活得闪闪发光！

谢谢你爱我

01

我记得很清楚，大一那年的劳动节长假，整个宿舍楼就剩下了我一个人。空旷的宿舍寂静得可怕，掉下一根针似都能听到它清脆的声响。

那是我在外地上大学的第一年，那年我十九岁，第一次尝试一个人生活。当时室友都回家了，寝室就我一个人。其实到晚上的时候，我特别害怕，害怕那沉寂的氛围，第一次尝到了想家的滋味。

假期第三天开始，我高烧39摄氏度，卧床不起，在寝室躺了两天，打遍了通讯录里所有大学同学的电话，没有一个人在学校里能来看我。当时我已近崩溃，体会到了从未有过的绝望和孤独。

后来我妈给我打来电话，问我过节有没有出去玩、去哪里玩了、有没有想家。我到现在都忘不了自己那时倔强和固执的样子，我擦掉眼泪，用很开心的语调在电话里跟她说："妈，我在外面跟同学玩呢，东北的风景可美了，有机会你来了我带你去看看。我一点都不想家，我过得很好。"

挂掉电话后，我大哭了起来。

从走出家的那一刻起，我开始学会"撒谎"了。

02

不知道从什么时候开始，我爱上了独处的感觉，喜欢一个人走在路上，喜欢一个人去旅行，也喜欢一个人对着镜子傻笑。

每到春节后返校，我都很期待能够一个人回学校。当我买票的时候，我妈会在旁边碎碎念："一定要和同学一起回学校，女孩子家家的，要注意安全，两个人做伴，彼此也好有个照应，不要让我们做父母的担心。"

看着她担忧的眼神，我总会冲她做个鬼脸，然后调皮地说道："我都这么大了，你别操心了，我跟同城的室友一起返校，我会照顾好自己的，你别担心。"

可最后我总是一个人拖着行李箱踏上回学校的路程，虽然孤独，但我很享受这段路程。

自从在外地上大学后，我“骗”他们不止一两次了，不为别的，只为了让他们心安。

我妈每个月会给我一千五百块钱生活费，但自尊心过强的我一直想摆脱这种靠父母“救济”的生活。于是我一狠心，把他们给我打来的钱又分文不动地还给了他们，还信誓旦旦地跟他们说：“我现在不缺钱，你女儿靠摄影、做视频、写作能月入五千块钱呢！”我妈不仅相信了，还自豪地跟她的同事炫耀：“我女儿在大学都经济独立了呢！”

而那时，我身上只有几十块钱。

生活改变了我，它让我变成了这个世界上最会“骗人”的小孩，我甘愿做个“骗子”，只求让他们安心。

03

我从没有交往过对象，但我跟我妈说，我找了一个对我特别好的男朋友，这样他们就不会担心我的安全了。

我没有任何工作经历，但我跟我妈说，我在上海找了份月薪过万的工作，还碰到了特别好的房东太太。从我到上海的那一刻起，妈妈的心就一直悬着，直到我将这个消息告诉她，她才睡上安稳觉。

以前我不会做家务，我妈整天为我生活无法自理而惆怅。后来我们视频通话时，我给她看了我打扫的房间、我做的饭。于是我再看见她时，她那一直紧皱的眉头慢慢舒展开了。

有时候，面对父母，我们做子女的总是那么倔强，报喜不报忧，就算自己遇到再多的磨难，也不想让父母跟着一起焦虑、痛苦。

受了伤，我们从不把伤口展示给父母，而是独自默默地忍受着所有的伤痛和煎熬，同时还要假装强悍，把所有笑容留给他们。

我们这些在外地读书、工作的孩子，之所以越来越会“说谎”，是因为我们爱自己的父母，不想他们担心。

我们在生活的照射下，活得坚强

01

表妹发来信息说，她不想读大学了，觉得太累、太辛苦了，心里承受着巨大的压力。

看到她的这条消息，我感慨万千。其实有一段时间我也曾有过这么不美好的岁月，小小年纪便感觉生活得很累。

我见聊天对话框接连不断地显示着“正在输入中”，没等她回复，便好奇地问了句：

“最近发生了什么事情？遇到困难了？”

我等了不知多长时间，表妹发来一条语音："我说普通话有口音，他们无论上课还是课间总是学我说话，把他们的快乐建立在我的痛苦上，甚至孤立我，不和我玩。一个学期过去了，我感觉整个人都抑郁了，不想读书了！"

遇到这种状况，或许很多人和我表妹一样，很容易被其他人的言语打击到，忽视了另一种应对方法。

不必在乎别人说什么，他们的嘲笑和讥讽只会让你更强大。

之前我的普通话说得也特别不好，是那种前后鼻音不分、平翘舌音不分、张口就是洋不洋土不土的腔调，很多人因此嘲笑我。甚至还有同学当面对我说："你说的话我一句都听不懂，以后你带一个翻译来再找我聊天吧。"

于是我告诉自己：我要改变，不能让他们一直拿我开玩笑。

后来我苦练了一年的普通话，虽然现在我的普通话算不上发音标准、字正腔圆，但再没有人嘲笑我说得不好了。

02

人总是要经历过挫折后才会成长的，讲一个我大一时的故事。

“快点，快点！还有十分钟就上课了。”

无论早课、中课，还是晚课，室友总要催我快点，因为我走得很慢，而她又不愿意自己走这段十分钟的路程。就这样，我们每天结伴同行。

那时我不愿意自己去食堂吃饭，如果别人不去，我宁可饿着，也不会让别人知道我是一个人；我也不会选择一个人走路，害怕别人在背后议论我是“独行侠”，所以每次出门都会叫上一两个好友。

于是我在那段习惯有人陪的日子中失去了独处的能力，上课要人陪、吃饭要人陪，甚至去个厕所也要人陪。

我害怕孤单，害怕别人说我没朋友，于是上学、吃饭，即使违心也会去等那个一直催我快点的室友陪我一起；

我害怕没有存在感，所以总是抢着找别人说话，生怕让同学们以为我是一个不好相处的姑娘；

我很在乎别人的眼光，生怕自己活成别人口中特立独行的异类。

我问过自己：这究竟是不是真正的我？这样做我到底开不开心？

我的内心很肯定地回答了我：“不是，你不应该是这样子的。”

o3

从那之后，我选择了自己一个人。

我慢慢地走了出来，不再从别人身上找存在感，开始尝试一个人生活。

若这一刻我想去做一件计划之外的事，下一秒我一定会毫无顾忌地去做，不再去在乎和顾虑太多。面对别人的冷嘲热讽，我也渐渐学会了“选择性失聪”。

我现在的状态是：

当她们拉着我聊肥皂剧、网络游戏时，我可以毫不犹豫地say no；

当意见不合，别人成群结队地在背后说我的坏话时，我可以充耳不闻；

当被别人讥讽或者看不起时，我根本不在乎，相反那只会让我更努力，同时谢谢他们帮我指出了缺点。

我很喜欢现在的自己，也逐渐明白：

存在感是要靠自己找寻的，我们要为自己而活，总在意别人说了什么的人，一生都无法做真正的自己。

我要为自己活，我不够优秀，所以始终不敢停下前进的步伐，唯有马不停蹄地在路上奔跑……

04

生活中，我们经常用“我随意，你决定吧”“我什么都可以”的态度来逃避自己懒得去做的选择，于是我们错失了一些尝试新鲜事物的机会，渐渐地，我们让别人的思想在自己的精神领域中生根发芽。

我多么希望，我们都可以不在乎别人的言论，尝试回归自己的世界中心，倾听自己的内心，坚持做自己喜欢的事，哪怕别人给你无情的嘲笑，你也要勇敢地直面挑战。

我多么希望，我们都能无畏地去追求自己想要的生活，不气馁、不放弃，勇于活出真正的自我。

唯有自爱，别人才会好好爱你

01

前些天，朋友小翠约我出去走走。自从毕业后，我好久没和她联系过了。到达约定的地方之后，我远远便看到她向我热情地招手。我跑过去，从上到下打量了她一番，调侃地说道："看来近几个月小生活过得很舒适啊，圆润了不少啊。"

我说完，她没接茬儿，只是尴尬地笑了笑。一路上，她都不怎么讲话，像是变了一个人，不再是之前那个大大咧咧、爱说爱笑的姑娘了。我用余光不停地观察她，只见她愁眉紧锁，满脸不开心。

"我怀孕了，三个月。"小翠突然间冒出来的一句话惊到了我。

我不知道该说些什么，只是傻傻地站在一旁，静静凝望着她。只见她低下头，无奈地叹了口气，意味深长地说道：“二十二岁的年纪，我居然怀孕了。我都不知道该怎么办了，我很讨厌现在的自己。”

我无法评价她选择的生活方式，也不敢轻易判断对与错，毕竟每个人的人生都是不同的。

02

小翠跟她男朋友是通过父母介绍认识的，两人相处已经大半年了。男生比她大五岁，两人一见面便看对了眼，聊天的过程中，发现彼此的三观、兴趣爱好很一致，于是很快就确立了恋爱关系。

男生比较独立，有一定经济基础的情况下选择了独自搬出去住，生活自理能力也不错。两个人谈了不到两个月，便开始了同居生活，没过多久，小翠便被检查出了自己意外怀孕。

她不敢跟父母说，生怕观念传统的父母会因为这件事而打骂她。小翠告诉男朋友自己怀孕时，男生很是开心，还想着过些天见一下双方的父母，把婚期定一下。可小翠是很绝望的，她很有野心，觉得自己还有很多没有尝试过的事情，不想在最美好的年华走进婚姻的牢笼里。

她很纠结，想要打掉孩子，离家出走，找一个陌生的地方重新开始，活成自己小时候羡慕的那种人。但她又生怕自己能力不行，最后晃晃荡荡几年，还是要回老家。

最后小翠的父母知道了这件事，也提议两个人赶紧结婚。在父辈们的思想里，男大当婚，女大当嫁，天经地义，更何况双方都愿意，是件好事。

小翠自己其实也不是很清楚他们之间究竟有没有爱情，不确定自己要不要为了他放弃梦想，丢掉自己所向往的生活。

o3

自从毕业后，我身边的人就陆陆续续地结婚了，但也有很多大学时代的情侣，最后闹得老死不相往来，就像我的大学同学小林。

小林是我隔壁班的同学，大二那年她看上了一个文学院的男生，两个人在一起吃了几顿饭，看了几场电影，便草率地确定了恋爱关系。小林的室友们都不看好这段感情，得知她们各自的观点后，小林跟她们大吵了一架，毅然地搬出了寝室，随后那个男生也搬出了宿舍。

大三开始，两个人同居了。除了上课以外他俩便整天黏在一起，感情状态一直很好，并没有小林的室友说的那么不好。一年过去了，面临就业，小林和她男朋友都开始着手找工作了。

或许是那段时间压力太大，加上饮食不规律，一天小林昏倒在路上，被好心人送进了医院。医生说她怀孕了，要注意休息，减少运动。

当她拿着检查报告去找男朋友时，对方先是沉默，接着恐慌地说道："这个孩子不能要，我们两个人的工作都还没确定，根本养不起孩子，更何况我还没有结婚的打算。"

小林看着这个男生，觉得好陌生，心下一狠转头离去了。

后来她独自去医院做了手术。

04

作为女孩子，恋爱中一定要懂得对自己好一点，否则一旦造成伤害，承担一切后果的只有你自己。

二十出头的我们还年轻，生活不只有谈恋爱这一件事情，一个人也可以活得潇洒自信。一定要记住：无论贫穷还是富有、疾病还是健康，对我们从一而终、不离不弃的始终是我们自己。

关于为什么要上学，我想说这些话

01

有个朋友最近给我打来电话，他现在在上海，整天忙着找工作，在“魔都”晃荡了将近一周，工作的事仍然毫无进展。

大学时的他，在我心中是很厉害的，年年获得奖学金，而且还是国家奖学金获得者，参加过多种全国比赛并得了奖项，英语四六级、计算机二级、会计证、律师证通通被他考了下来。

我很疑惑，像他这种学霸，怎么可能找不到工作呢?

他说那些世界500强企业看不上他，而他又看不上那些刚起步的小公司，于是就这么被剩下了。

02

今年我表妹参加了高考，她是复读生。

考完后，她哭着跟我说："感觉今年又白读了一年，在考场上没发挥好，我注定上不了好大学了！"

到底什么大学才算好呢?

我们不得不承认，那些考上一流大学的同学，在智商、勤奋、坚持、细心等方面都超越了我们一大截。

但二三流大学的毕业生就注定要被别人嫌弃吗?确实，对一些知名的企业来说，我们可能连去面试的机会都没有，但那些并不是我们的全部啊，我们的学历不出众，但我们有勇气，还有一股不服输的劲儿。

倘若只用上没上过一所好大学来衡量一个人未来的好坏，那人生未免太不值钱了吧。人生是场马拉松，暂时的落后决定不了我们最终能走多远，只要坚持住，永不放弃，奇迹随时会发生。

03

朋友小君给我讲过这样一个故事。

“我邻居家的孩子今年刚刚大学毕业，工作四个月了，没什么长进，一个月只拿着一两千块钱的工资。他曾经在外地读大学，四年花了家里二十万块钱，他爸每个月只有三千块钱左右的工资，全家省吃俭用才把他供了出来。倘若四年前他不去读大学，而是拿这二十万块钱投资做生意，我想四年后的今天绝对比现在的工资要高十倍。”

旁边的小怡听了连忙点头，一脸赞同地说道：“我经常会想，我们为什么要读大学？”

“我的一个闺密，高中毕业后放弃学业选择去当兵，三年里从没跟家里要过一分钱，一个月前退伍时，部队还给了她数万元。现在家里人给她介绍了一份不错的工作，待遇很好，有地位、有身份。”

小怡还说：“现在本科学历太普遍了，每次听到有人说‘大学出来还不如农民工赚得多’，我的内心就会受到一万点暴击，我们究竟为什么要读大学？”

有一段时间，我也这么问过自己。为什么要读书？为什么要上学？总说知识改变命运，上完大学后就会拥有更好的未来，于是我们都信了，在这条道路上享受着上大学的乐趣，而忘记了自己最初的目的。

等一路玩过去之后我们才开始质疑自己读大学的意义。

有时候，重要的不是我们的选择，而是我们为此付出的努力。

04

我有一个表哥，毕业于一所省内的大专学校。

我阿姨她们很不看好他，觉得他学历不高、性格不好、长相还丑，哪会有单位要这种人？

我表哥很爱看书，喜欢研究电脑软件，经常会鼓捣出一些小程序。他在大学里很少说话，每天早起去图书馆学习，考取了很多含金量很重的证书。

别人都忙着实习的时候，他正在学校里研究一款电脑软件的专利，最后他参加比赛获得了一等奖。之后就有公司向他抛出橄榄枝，他工作两年之后，年薪已经有几十万了。

我听过不少来自二三流大学的毕业生的抱怨，说这个社会过于残酷，说这个社会太不公平，可是路是自己选的，我们不应该因为别人的否定而熄灭内心的热情，与其花时间抱怨，不如脚踏实地地去改变自己的生活。

不可否认，一般高校的学生比起“985”“211”的学生来说，是差了些资源，少了些平台，但我们可以主动去学习啊，在这个网络时代里，没什么不能实现的。

人生还有很多可供我们选择的机会不是吗？我们不怕输，因为我们还年轻。

05

我记得获得诺贝尔文学奖的鲍勃·迪伦曾说过：

“大学就像养老院，而且事实上，更多人死在了大学里。”

大学时，有很多学生整天窝在宿舍里打游戏、刷手机，一个星期一节课都不去上，大学四年什么也没学到，甚至毕业时连毕业证都拿不到。

这样的人，还谈何未来？他们像死人一样无声地消磨着大学时光，走出校园后，等待他们的只会是荆棘之旅。

很多人问过我：“你不是名校的学生，当和一流大学的毕业生共事时，你会自卑吗？”

我的答案是：“不会！”

你的学历比我好，只能证明你高中比我更努力，但今非昔比，未来的路会怎样，谁也说不准。

有一个好的学历是一件锦上添花的事情，但我没有并不意味着我的人生就毫无翻盘的机会，这只会督促我更加努力地去学习、生活。

06

关于上大学的意义，我很喜欢刘同的说法：

“读大学的价值也许在于能认识未来几十年里最重要的朋友，能分辨哪些人自己一辈子都不会交往，能集中解决很多困惑，从而形成自己的原则，开始学会拒绝。

“读大学的价值在于你明白了世界上有很多优秀的人，开始有了靠近他们的动力。读书不是为了拿文凭或者是为了发财，而是为了成为一个有温度、懂情趣、会思考的人。”

人的一生都会跟利益周旋，读书的目的并不是因为知识能够直接兑换成金钱，是因为它能转化成比金钱更有价值的思维和能力，从而让我们受益终生。

不再孤单，不再迷茫

01

表妹千千今年考上了大学，全家人都很开心。那天姨母到我家来做客，说起了对千千以后的生活的规划和目标。

姨母为千千盘算着一切，包括学习、生活以及感情，希望千千上大学后继续保持着中学时代的自律和谦逊，有自己的想法，不趋炎附势、随波逐流；在学习知识的过程中，始终要有不耻下问的精神。待四年大学生活结束圆满毕业后，她能学有所成，满载而归。

谈及感情问题时，姨母摆出的态度是：赞同千千在大学里谈恋爱。小姑娘一个人跑那么远去读书，身边没有亲朋好友陪伴，倘若能遇到一个对她特别好的男生，也是件好事。

姨母说：“我不希望她在最美好的年华里，缺少一个能和她分享那些幼稚故事的人，我希望她不仅学会独立生活，更能亲身去经历一些事。无论结果好坏，每一段故事都会让她在成长中明白事理、懂得分辨真伪。”

不知道为什么，当时我没有说太多的话，就在姨母畅聊大学恋爱问题时，我的脑海里突然蹦出这样一句话：“大学没谈过恋爱，遗憾吗？”

随后那两个小人又跑出来站位了，一个说：“不遗憾，不要后悔，学生还是要以学业为重，谈恋爱会影响学习。”

另一个小人立马抢话道：“那些大学里的学霸情侣，爱情和学业双丰收。说没有遗憾那是假的，每个女生都期待着一场轰轰烈烈的爱情啊，步入社会后，这么纯粹且浪漫的爱情经历，着实很难再遇见了。”

大学时，我没有一个能跟我共同分享所有喜怒哀乐的恋人，这也许是最令我遗憾的事情了。

02

大学究竟应不应该谈恋爱？这是我曾一直感到疑惑的话题。

前些天，表妹小菲从广州传来消息，她说自己被保研了。亲朋好友知道这件事情后，纷纷向其表示祝贺，夸她学习好、用功、勤奋。

对小菲我很了解，我们同是在异地读书的学生，没事的时候经常开视频闲聊。她大学期间基本是一个人，她的价值观和我很相似，就大学恋爱问题而言，我俩都觉得脱贫比脱单更重要，所以更愿意花很长一段时间来提升自己。

自从她开始为了争取保研名额努力准备后，有两三个月的时间，我没怎么联系她。小菲曾跟我说过，她有她的目标，她知道自己未来想活成什么样的人，所以从大一开始她就做好了大学四年单身的准备。

小菲每天都待在图书馆里，不是看书就是听各种网课，还非常认真地钻研英语。她的努力每个人都看在眼里，小菲虽然累，但快乐着。

小菲的努力让她通过了各种考试，接连获得专业课一等奖学金，还得了好几个国家级专业奖项，没过多久，小菲便被保研了。

她打电话告诉我这个喜讯时，还调侃地说："我要到研究生生涯里去寻找爱情了。这几年我在努力变得更好的路上，忘记了寻觅身边我所中意的人，但没关系，爱情是一件很随性的事情，祝福我在研究生生涯里遇见一份心动的爱情吧。"

一个人，孤独且优秀着；两个人，相伴且共同努力着。

有时候我会突然觉得，爱情的力量很伟大，希望我在找到未来的路上也能找到你。

03

假如能够重来一次，我一定会在大学找一个跟我一样上进努力的男朋友。这样当别人在谈论感情、追忆美好回忆的时候，我就不会因为那仿佛被偷走的四年而感伤遗憾了。

很多人说谈恋爱影响学习，影响自身的发展，而且一般最后还没有什么好结果。大学时的我，就这样活在别人的言论里，被他们的言语紧紧地束缚着。他们说谈恋爱不好，那我就果断远离，从不去尝试经历爱情里的苦与乐。

可恋爱这件事本身没有错,结果好与坏在于你遇见了什么样的人。

你遇见的那个人若勤奋上进、积极进取，能带动着你一起变得更好，这份恋爱便是好的；

若你遇见的那个他起初给你买最好的东西，带你吃最好的食物，每天对你说着甜言蜜语，但没过多久，说散就散了，这份感情便是不完美的、令人受伤的。

谈恋爱时一定要睁大眼睛去寻找，内心要对未来的另一半抱有期待，你憧憬的美好画面才会降临。

但愿我们都能勇敢去爱，不要因为寂寞或别的什么，只是因为喜欢才去爱。

04

俞敏洪提到过大学里应该做这样四件事：追求知识，追求友谊，追求爱情，为将来工作做好准备。

对爱情我们常常忽视一点，我们一直在等待那个适合自己的人出现，却从没想过若自己主动一点是不是会更好呢？

我们追求学问，追求友谊，可对爱情，我们放弃了“追”的权利。

第四辑

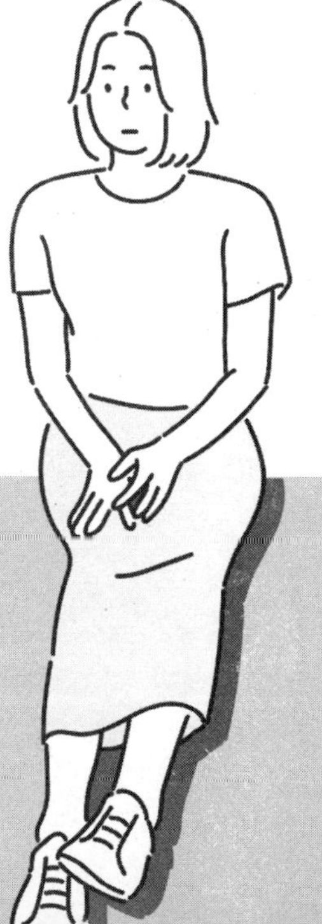

你吃过的苦，
总有一天会笑着讲出来

从一百三十斤到九十斤：当一个大胖子努力瘦下来

01

“大家快来看，新来的女同学又胖又丑！”

“在哪儿呢？哪儿呢？”

我立在教室中央，全班同学都过来看我，围成了一个很大的圆圈。

他们的目光中表达出的不是对新同学的欢迎和尊重，而是仿佛走进了动物园，见到一只体形硕大的黑猩猩。他们一边捂着嘴偷乐，一边和旁边的人窃窃私语着。

那时的场景我想自己一辈子都不会忘记，那年我刚上初中，后来那个带头起哄的人做了我的同桌。

那时正流行一部叫《丑女无敌》的电视剧，里面的“林无敌”长得奇丑无比，戴着一副遮着半张脸的黑框眼镜，穿着朴素，没有任何特色。自从播了那部剧后，我的同桌便每天“无敌”“无敌”地叫我，而后全班人跟着他这么喊，他们说，我是现实版的“林无敌”。

高三那年我选择了艺考，身边的其他同学全是肤白貌美大长腿，而我在她们的衬托下显得更加渺小了，简直毫无存在感。

因为丑，无论我写得多好、讲得多妙，都不会受到老师和同学们的重视和欣赏；

因为丑，很多人会调侃我，让我与生俱来的自卑在无形中又放大了几十倍；

因为丑，我错失了太多与异性一起交流的机会，那份来自心底的不自信，将我压得喘不上气来。

那些天生丽质的姑娘永远不会懂得“丑女孩”的自卑，没有胖过的姑娘，永远不会知道我们想要瘦下来的那种决心和毅力。

02

后来，我上了大学。

每天我都会抽出比别人多一点的时间去塑造自己。

老师说我没特长、没才艺，我就课下偷偷去学唱歌，有时还混进舞蹈教室学跳舞；

老师说我胖、脸大，上镜不好看，我就每天早起跑步三公里，同时控制饮食，用了半年时间，把自己从一百三十斤瘦到了九十斤；

老师说我肤色暗沉，整体气质不佳，于是我就向身边的朋友请教护肤和穿搭知识。

我发奋读书，在拼尽全力过后，尝到了人生中从未有过的滋味，因成绩优异，我获得了学校专业奖学金和国家励志奖学金。

我写的好几篇文章也相继登在了省级刊物上。大学三年，我一共码了几十万字，大二的时候还和朋友一起出版了图书合集，同时拥有了自己的一小拨读者。

四年中，我从极度自卑开始变得自信乐观。我庆幸我没有活成自己最讨厌的样子，渐渐习惯了努力的节奏，爱上了那个积极向上的自己。

03

我妈发过这样一条朋友圈，她在微信上分享了四张我的照片，上面还写了一句话，大致的意思是：这根本不像同一个人，四年的变化，孩子在外不知经历了什么，也许这就是所谓的成长吧。

我一直告诉自己，我不要成为一具好看的皮囊，而要成为为了生活和梦想奔走的巨人。

也许很多人会说，皮囊是天生的，我们的样貌在妈妈的肚子里就已经定型了。可除此之外还有很多东西是需要我们后天努力去获得的，比如胖与瘦、皮肤好与坏，这些只要我们付出努力，定会收获意想不到的惊喜。

我们可能生来不如别人貌美，但我们有能力去改变我们能改变的一切。即使你不太漂亮，但学识渊博、懂得上进的你，依旧有足够的底气站在任何人身边。

要想变得更好，我们首先要学会对自己狠心，坚持很难，蜕变很苦，但谁的人生不是这样呢？

04

这一路，流了数千滴汗，说了数万遍“要坚持”，只是为了变瘦、变漂亮；

这一路，熬了太多夜，码了太多字，只是想要证明自己能行！

这一路，忍辱负重、卧薪尝胆，只是想要默默地蜕变成自己喜欢的模样！

世界从来都是由自己掌控的，每个人手里都握着一张牌，那张牌叫“绝地反击”！

等你变漂亮时，你也能体会到被人关注是什么滋味；

等你变优秀时，自然有人尊重你、崇拜你、看得起你；

等变得更好的那一天，我们终会发现这个世界依旧对我们温柔相待！

这就是我选择努力生活的原因，我想要拥有一个令自己满意的人生。

我有恋爱恐惧症，单身成瘾

01

跟小慧一起走在回家的路上时，我俩有说有笑，突然后面传来一个男生的声音，叫着小慧的名字。

我们放慢了脚步，回头看去，一个高大的身影正向我们走过来，我低头对小慧说道：“他好像是在叫你。”

小慧一直是一个人，跟她认识这么多年，她从未向我提起过自己喜欢的人。我想这下机会终于到了，心里面很是替她开心。可正当我满脸笑意地凑过去，打算听她认真跟我讲些什么的时候，只见她皱紧了眉头，无精打采地说了句：“你可能听错了，我们走吧。”

随后小慧便拉着我往前走，我还在絮叨："这怎么能听错呢?你是知道的，我的耳朵一向挺好的。"我挠了挠头，甚至开始质疑自己是不是听觉出现问题了。

没过多久，那个男生便跑到我们面前停了下来。我用余光扫着小慧，只见她低着头，表情略带尴尬又不乏害羞和紧张。

"你这几天怎么都不理我了?我去你家找过你好几次，都不见人影。你最近到底发生了什么事?"男生看着小慧，着急地说道。

不知道小慧在想些什么，过了很久她才开口说道："我没发生什么事，我还有事，先走了。"

后来小慧告诉我，他们两个人有半个月没联系过了。

她说自己有恋爱恐惧症，明明动了情，却始终不敢靠近，害怕拥有，害怕失去，而自己一个人就永远不用害怕被抛弃。

02

小慧的话说到了我心坎里，也许单身太久的人会得这种"病症"，这种只能靠自己治愈的恋爱恐惧症。

这种病症最典型的特征就是，喜欢独来独往。

我和小慧都喜欢一个人待着，很享受独处的时光。我俩都是那种别人一约我们出去玩，尽管内心各种不情愿，但嘴上还是会违心地说着“可以啊”的人。

小慧是我高中时的闺密，我没怎么见她跟异性接触过。该怎么说呢？在我的眼里，她一直是冷冷的。高中时，她就总是一个人吃饭、一个人去上课，甚至会一个人买凌晨的首映电影票，大半夜打车去看电影。她跟我说，她时常会在半夜三四点的时候，站在上海的某处天桥上吹风，看着来来往往的车子发呆。

她说那是她最享受的时刻，看着别人开车回家，然后憧憬着自己未来的样子。

大学毕业之后，小慧依旧如此，很少出入社交场所。我们的另一个朋友小芳曾直言不讳地问过她类似“什么时候谈恋爱”“计划哪一年结婚”等私密话题。

小慧打趣地回答道：“那些貌似离我很远很远吧，看过了太多或悲伤或吵闹的恋爱故事，现在的我越来越不渴望恋爱了，而且一个人生活真的很酷。”

是啊，不知从什么时候开始，身边的一些女性朋友渐渐喜欢上了和自己“恋爱”的感觉，她们或许是害怕被辜负，或许是害怕真心得不到回报，于是时时刻刻都将自己包裹得严严实实，别人进不去她们的内心，她们自己也出不来。

o3

那天回家后，我很不明白小慧的做法，想不通他们两个人明明喜欢彼此，为何不能发展得更近一点？

于是我拿起手机，发消息问小慧：“你为什么两个月没有联系他？”

小慧是这么回复我的：“我知道他的心意，也知道他最近一直在找我，但我很害怕他向我表白，于是接二连三地选择逃避……”

小慧觉得，表白后他们两个人相处起来会很尴尬，就这样一直平稳相处着就挺好。她不想这么快给这段感情赋予标签，顺其自然是最好的选择。她害怕感情来得快去得也快，她只想平平淡淡、细水长流地以朋友的名义与对方相处下去。

或许很多人也是如此，害怕别人向自己表白，害怕一旦将“我喜欢你”说出口，隔天连朋友都做不成了。

这让我想起之前看过的泰国广告里的一段对话：

“我有话想对你说。”

“你不用说了。”

“我有恋爱恐惧症，不喜欢将自己的人生和别人捆绑在一起，但有一天会改变。”

嗯，单身成瘾并不可怕，总会有那么一天，有那么一个人会让你放下所有的顾虑，勇敢迈出这一步。

04

想爱又不敢爱，始终在等。

我想很多人之所以选择单身，是由于想恋爱又不敢爱，总觉得会有很多顾虑。

“我俩离得这么远，跟他处对象肯定没结局，若只是玩一玩的话，我想还是算了吧。”

“我每天都从他眼前经过，只为了让他能多注意我一点，不管一年还是两年，只要我一直在等，有一天他总会向我表白的。”

二十多岁正是该谈恋爱的年纪，很多人却总是缩手缩脚，想爱又不敢爱，因为怕被辜负，不敢轻信承诺。可如果我们一直活在怀疑、否定、不敢尝试的怪圈里，这一生也许就只能一个人这么过下去了。

有时候我们会发现自己无法心无旁骛地去爱一个人，甚至从未谈过恋爱的你我早早地就被一些负面的感情故事恐吓得不敢相信爱情了，丧失了对爱情的向往和热情。

确实啊，融入社会后的我们都长大了，不会再像学生时代那样奋不顾身地去爱一个人。我们少了些许任性和骄傲，开始像成人一样理性地去衡量和辨别感情中的是是非非。

原来，我是这个世界上最不合群的姑娘

01

我时常会回想起在外地上大学的那四年，那段时光为我塑造出了一个又一个标签："独立""勇敢""坚强""勤奋"……

对了，还有"不合群"，我很感谢这个标签，它让我能不被外界的诱惑影响，可以更专注地去做自己喜欢的事情。

时间追溯到大一开学时，寝室里六个女生来自不同的地方，开始的时候，我们无论做什么事情都在一起，可时间久了，我们开始建立各自的生活习惯。

我骨子里是一个极不合群的人，虽然表面上总是与室友们三五成群、笑声不断，内心却渴望精神上的满足。

貌似在那个年纪我就懂得了每个人都是我人生中的过客，谁都没有义务陪伴我，我只能通过强大自己来找寻我想要的安全感。

02

我并不是多么优秀的学生，只能算一个努力想要变得更好、目标明确的姑娘。

大学四年的生活让我蜕变成了别人眼中最不害怕孤独的那个人。

我总是一个人吃饭，一个人看电影，一个人跑步……

我喜欢一个人的感觉，因为只有独处的时候我才能静下心去斟酌自己接下来该怎么走。

很多朋友问我：“你一个人不害怕孤独吗？”

谁都不喜欢孤独，但比起孤独，我更害怕堕落，我害怕未来的自己一无是处。所以我只能硬着头皮往前走，哪怕困难重重，只要我认定了一条路，跪着都要走完剩下的路程。

其实，在大学里从众心理非常普遍，当大多数人做了同一件事情，你自然也会盲目地做出跟他们一样的选择。但我们要勇敢地做别人口中不合群的那个人，要勇于活在自己的世界里。

于是当他们一下课就成群结队地回寝室休息时，我选择默默地收拾好课本，背上书包，走向和寝室方向相反的图书馆。

就这样我按照自己的生活方式做着一系列的事情，在忙碌中忘记了孤独长什么样子，慢慢地，我爱上了这样充实的自己。

现在我越来越能体会到，孤独与不合群是成长过程中必然要经历的过程。

03

年少的时候，有段时间我也一度害怕自己不能融入集体，所以哪怕与别人不是一个世界的人，我也会将真实的自己隐藏起来，刻意地想要走进他们的生活，因为这样大家就会跟你聊各种事情，不会觉得你是个无聊的人，不会远离你。

后来渐渐长大了，我开始羡慕那些敢于独来独往的人，即使一个人吃饭、旅行、看电影，也不会觉得有什么问题。

作家李尚龙说过：这个世界很邪门，你永远不会相信，当年最浑蛋的那个人，十年后会是政治界最有潜力的谁；你也不会相信，当年最不合群的人，成了百万富翁。

在生活中，我们不难发现，那些稍微有成就的人往往不合群，因为他们的内心世界里，总有一片天地只属于他们自己。

04

有很多读者跟我说过自己因为不合群而颇感烦恼：

“我跟室友不和，想换寝室”；

“身边的朋友不学无术，志不同道不合”；

…………

其实，所谓的“不合群”只是与不适合你的群不合，这跟你的人际交往能力是没有关系的，低质量的社交不如高质量的独处。我们都有选择生活的权利，每个人都喜欢热闹喧哗，但很少有人能忍受孤独寂寞。

我遇见了太多人，也看透了太多事。渐渐地我发现，想要成长，忍受孤独是我们必须付出的代价，那些忍受不了孤独的痛苦的人，只能与我们分道扬镳，去选择另外一条更容易走的路。

我们的生活方式往往会决定我们的命运，你若选择迎合讨好他人，那么现实便会轻易地将平庸的你淘汰掉；你若选择努力做自己，你将有可能成为命运的赢家！

我们要为自己而活，适合你的圈子自然会出现。

如果你也是一个人，如果你也在努力地让自己变得更好，我希望即使孤独一些，你也能默默地坚持走下去。

跑得快的人，总会甩掉拖后腿的人。

二十岁后，我坚持做三件事情改变自己

01

我从来不相信什么命中注定，因为这个世界上还有努力奋斗的人。

我不喜欢墨守成规、一成不变，我更喜欢挑战别人眼中不可能的事情。

我一向很倔强，在难以坚持下去的时候我经常告诉自己：我能行、我可以、我会做到的！

我不止一次这样告诉自己：将来的我不一定要成为一个有所成就的人，但我想我一定能成为一直往上攀爬、永不言弃的那个人。我会一点点开辟出自己的道路，走出属于自己的人生。

大学期间，我读了很多书，对我影响最大的还是王小波的《黄金时代》。

“那天我二十一岁，在我一生的黄金时代，我有好多奢望。我想爱，想吃，还想一瞬间变成天上半明半暗的云。后来我才知道，生活是一个缓慢受锤的过程，人一天天老下去，奢望也一天天消失，最后像挨了锤的牛一样。”

我如今二十二岁了，生活告诉我，无论我怎么选，可能都会后悔。但我为它哭过、笑过、努力过，这和我什么都不做，静待结局是两个不同的概念。

其实我说再多，归结起来不过两个字：坚持！

02

很多人说：“读那么多书有什么用？最后还不是忘得一干二净！”

确实，有些东西时间久了很容易被我们遗忘，但这并不是重点。有时候读书并不是为了让我们去记住什么，而是教会我们一些道理。

我很享受读书的过程。大学时除了宿舍和食堂之外，图书馆是我最常去的地方，只要没有课或者下了晚自习，我总会去那里坐一坐。

这几年，我读了三类书：

第一类，专业类书籍。我们要坚持把专业领域的知识学好，哪怕再不喜欢，也要端正自己的学习态度，这是我们作为学生最起码的职责。

第二类，文学类书籍。我从小就酷爱文学，在小学的时候就开始接触顾城、毕淑敏的作品。

第三类，心理和思维逻辑类书籍。读这类书让我变得有主见、自信，遇事能够冷静分析，在为人处世方面对我产生了极大的影响。

读书改变了我的生活方式，同时也让我遇见了很多与自己志同道合的人。以前我总以为我可能一辈子就只能跟专业死磕在一起了，可后来我才明白，每个人都可以通过自己的选择去决定未来的生活方向。

书读多了，视野就广了，读书会让我们更快地成长起来，带给我们一种豁然开朗的感觉。

海明威说过，生活总是让我们遍体鳞伤，但到后来，那些受伤的地方一定会成为我们最强壮的所在。

o3

我以前并不是一个热爱运动的人，多走几步路都会觉得很累。后来有人说我长得胖、皮肤不好、身体不行，于是为了堵住那些流言蜚语，我开始运动，并且一直坚持到了现在。

因为每天都会化妆，刚开始的时候我都是晚上回寝室卸妆后再去操场跑步，刚开始是走几圈，然后慢跑，我很享受出汗的过程。

由于天气阴晴不定，再加上东北的冬天实在太漫长，我的户外跑步计划总是断断续续地执行着，但这样也坚持了三四年。现在我的皮肤变得比刚上大学那会儿好太多了，身体也越来越强壮，拎两个水壶爬七楼都不带喘粗气的。

坚持运动的人浑身充满了正能量，我每天出去运动时总会见到和我同样充满正能量的人，渐渐地，我整个人变得元气满满的。

以前的我常抱怨学习没用、前途迷茫，一直在质疑自己。开始坚持运动后，我将这些不好的情绪都通过跑步发泄了出去，因此心态变得越来越阳光健康了。

这几年我用实际行动证明了坚持运动改变的不仅是身体，也在潜移默化中改变着我们的内心，让我们变得积极向上、斗志昂扬。

04

闻道有先后，术业有专攻，能坚持做好一件事情就很了不起。

我的脑子慢、手速也慢，别人一两个小时能码完的文章，我往往要熬三四个小时；我理解力差、效率低，一篇文章或者小说我要重复看五六遍才能完全吸收。

我从小就坚持着一个习惯——写日记，记录身边的人和事。现在家里的书桌上除了一摞摞的书，就是一本本爬满了文字的日记。

我高考作文只得了三十五分，那时候看着杂志上的文章，我也曾幻想过，如果作者一栏写的是我的名字就好了。我还曾幼稚地拿起笔将原作者涂抹掉，写上自己的名字。

我之前打字特别慢，比蜗牛爬还要费劲，常常别人给我发十句话我都来不及回复一句。为了练习打字的速度，我在想写些什么的时候就会在电脑里面记下来，积累素材的同时顺便锻炼打字速度。

现在我已坚持了一年的写作历程，在杂志上也可以陆陆续续地看到自己发表的文章。

有些时候，你觉得很有天赋的那些人其实比你还要努力，因为他们从不相信什么天赋，而是在用尽全力去追求他们想要的未来！

认准一件事情就必须做到最好，我不聪明，但足够努力就是我最大的优势！我常常鼓舞自己：再坚持坚持，撑过去就会看到胜利的曙光。

要想改变，贵在坚持！

二十几岁，我不想就这么死去

01

前几天，朋友小王约我出去吃饭。她这人一向胡吃海喝，身体倍儿棒，晚饭时她点了一桌油腻食物，我看了没有一点食欲。自从毕业后，我活得特别小心谨慎，开始讲究饮食习惯，注重养生。

小王看我一脸惆怅，惊讶地问道："这不都是你最爱吃的东西吗？你怎么这个表情？"

确实，上大学的时候，我不懂保养身体，无论好的坏的，通通往肚子里塞，从没想过后果，总觉得我还年轻，身体好得很。

可毕业后，我开始注意到一些以前从没考虑过的事情：不应吃冷的东西时就不能吃；太油腻的食物也不应多碰；不要穿太少，要注意保暖……

以前我确实喜欢吃，不仅喜欢吃油腻辛辣之物，还喜欢各种冰冷的饮品，生理期也照喝不误，每天熬夜熬到凌晨两三点，活得特别粗糙，总觉得那样的生活很潇洒，还有一点点酷。

可现在我觉得，那时候的自己很幼稚。现在的我做事情没有了当初的果断和魄力，多了些谨慎和犹豫。生活上戒掉了一些不好的生活习惯，慢慢开始健身和养生。

我现在活得越来越怕死了。

02

大学四年一直待在东北，零下二三十摄氏度的冬天，一向追求完美、特别在意形象的我，只顾着别人眼中的风度而忘记了温暖。

我仍记得有一年圣诞节，天上飘着大雪，路上的积雪踩起来咯吱咯吱地响，我穿着半袖外面套着羽绒服便出门了。东北的冬天，室内外温度相差很大，屋内供暖很足。

那天我要去车站等一个朋友，原以为他不到十分钟肯定能过来，然后我们就可以进室内聊天了。可谁知火车延误，我站在外面足足等了他一个小时，等他出来的时候，我已经冻得说不出话了。

后来我大病一场，在寝室裹着被子缓了四天才渐渐好转。后来这样的经历也没少发生，但我总是满不在乎地告诉自己：我还年轻，抵抗力很强，冻一冻没关系的。

现在想来，那时的我真是幼稚。

03

我的生活作息一向很不规律，大学四年，我从没有在凌晨之前睡下过。有一段时间，我总感觉自己头晕恶心，仿佛下一秒就要死掉。

白天上完课后钻图书馆里看书，半夜写作灵感涌现时，立马坐起来对着电脑码字。若是凌晨两点仍旧没有睡意，我就会开始翻看朋友圈、刷微博，一眨眼数个小时又过去了……

这样的作息一直持续到几个月前，那时候我写稿子时总感觉脑袋昏昏沉沉的，再加上那几个月“大姨妈”迟迟不来，我妈便带我去医院做了检查，还看了中医。

以前我觉得自己的身体是钢筋铁骨，到了医院之后才发现，之前自己的这种想法有多可笑。

医生说我的身体里的各个“零件”都紊乱了，需要慢慢调理。随后我发了一条朋友圈，大意是讲自己越长大越害怕死亡，身体是革命的本钱。底下很多朋友评论，让我好好休息，注意身体。

04

我不喜欢意外，也很害怕听到任何关于“谁谁谁不行了”的消息，二十岁的我，越来越害怕死亡了。在死亡面前，我的无所畏惧不堪一击。

如果可以重新来一次，我一定不会再那么肆无忌惮地消耗自己的身体。

我越长大越明白，拥有一个好身体是此生修来的福气。

寻找翅膀，以自己喜欢的方式过一生

01

“一百一十斤？妈呀，你家秤是不是偏重啊，我最近在减肥，怎么可能比原来还胖了？”闺密小万站在秤上一脸不可思议的神情，吃惊地说道。

之前读书的时候，小万总是忙着参加各种社团和学生会活动，每天都很晚才回寝室。再加上自己一个人在外面没人管，她从不好好吃饭，也不好好休息，经常熬夜追剧到两三点，自然而然整个人看起来很消瘦，貌似那时候她连九十斤都不到。

毕业后回到父母身边，她一日三餐按时吃饭，在老妈的管束下，晚上不到十点就睡觉了。上班时她也很轻松，坐一会儿，喝喝茶、看看报、聊聊天，下班时间到了就回家了。小万在老家没有太多的社交机会，所以每天就是“单位——家”，过着两点一线的生活。

两个月，她胖了二十斤。上一次我见到她的时候，明显感觉她圆润了很多，我还打趣地说：“你回来后，小生活过得很滋润啊，幸福和美好都写在脸上了。”

还真是应了那句话，你过得好不好没人知道，你一胖，所有人就都知道了。

02

小万来我家时，我正在写稿子，她大大咧咧地说：“你忙你的，我说我的，能听进去就听进去一点。”

她这段时间喜欢着一个男孩子，从她的言语中，我感觉她真的在用尽全力地去追求，一谈起那个男生，小万的眼神中就透露着满满的倾慕和爱意。可对方不喜欢小万，很直白地拒绝了她，并且希望小万以后不要再去找他。

小万跟我说着说着便哭了，她委屈地道：“我哪里不好了？好不容易遇到一个喜欢的人，为什么他还把我拒之门外，就连做朋友的机会都不给？”

“其实，每个人都喜欢美好的事物，我们无论追求什么，都要想想自己有什么高于或不同于他人的地方，究竟有什么资本可以让别人对自己一见倾心。”

我还没说完，小万便不耐烦地打断了我的话：“我知道我现在胖了，对生活也没什么追求和抱负，但我也有追求自己喜欢的人的权利啊！我最近一直在减肥，都不怎么吃饭了，运动量也上来了，可刚才称了一下，感觉最近的减肥没什么效果啊，我现在都想放弃了。”说完她便瘫倒在了沙发上，表现出一副生无可恋的样子。

该怎么说呢？对小万的选择是对是错，我无法去评价。我们每个人都有选择自己的生活的权利，安逸也好，忙碌也好，只要你选择的是自己想要的生活状态，并且问心无愧，那就是极好的。人生是自己的，无论好坏，最终要为选择负责的都是自己。

小万觉得，追求美是她一生都必须坚持的事情，但倘若她不能控制好自己，想要更好的，却始终无法为此付出行动，那么结局总会是遗憾的。

03

“阿亮学长，我有话对你说，我喜欢你，已经喜欢三年了，我所做的一切，我努力改变自己，都是为了你。我去报名参加舞蹈社，去演话剧，去当军乐队指挥，努力让自己学业有进步，都是为了你。”

我想这段台词大部分人很熟悉，这部泰国电影《初恋这件小事》承载了我们小时候满满的回忆以及青春期的懵懂。电影里面的女主角小水为了有一天能和阿亮学长在一起，很努力地改变自己，让自己外貌变美、学习成绩变好，只为了能让学长注意到她，最后两个人走到了一起。

时至如今，我脑海中还会回想起电影中主持人采访小水时的那段话：

“你之前说你学习成绩不好，长得还很丑，那你现在怎么会有这么大的变化？”

“因为，我爱上了一个人。”

嗯，爱情的力量有时候真的很伟大，因为足够爱，给了我们坚持下去的理由。因为那个人，我只想要变得更好。

正如小水，我们要让爱情成为动力，让自己变得更厉害、更优秀，那个人就会自己回头看向你。

04

除了小万以外，我身边有不少朋友整天将减肥挂在嘴边，喊了快一年了，依旧我行我素，该吃吃该喝喝。

不懂得坚持的人，怎么改变自己？做事没有毅力，生活不自律，怎么能成功？

很多人问过我该如何减肥。其实道理每个人都懂，管住嘴、迈开腿，但往往很多人的行动是管不住嘴、迈不开腿。想要减肥一定要先从改变自己的生活习惯开始，培养自己的自律性，克服了自己的惰性，自然而然就会瘦下来。

重要的是我们要找到自己的动力，坚持去做一件事情，去寻找属于自己的翅膀，慢慢地我们就会发现，原来我也可以改变自己，活得闪闪发光。

千万不要跟这种人处对象

01

说起感情，经历过的人总会有太多故事要诉说，而感情史一片空白的人，则仍对那个美好的世界充满向往和期待。

我听过无数的爱情故事，很多人讲眼缘，但有的时候，眼缘不一定能让你找到对的人。我们的一生中会出现很多有缘人，但在这些人里面，我们一定要分得清哪些人的出现只能陪你度过风花雪月，而哪些人是值得依靠、可以给你带去安稳生活的。

近些天，闺密芳芳又失恋了，这是她找的第四任男朋友，两人没相处多长时间便给这段感情画上了句号。她向我吐槽说他们两人相处起来很心累，不是聊不来，也不是价值观不同，该怎么描述呢？

就是越相处越看不惯对方，以后千万不能跟这种人谈恋爱。

芳芳语重心长地跟我说了一上午，让我一定吸取她的经验教训，希望我以后在感情的道路上少走弯路。

02

我一直不是很看好那种从朋友的关系转换成恋人的恋爱方式。之前看完《我可能不会爱你》，打心眼里羡慕程又青和李大仁的感情，正如网上所说的，“十年修得柯景腾，百年修得王小贱，千年修得何以琛，万年修得李大仁”。

可现实生活中，哪有那么多李大仁，再好的感情，终究会随着岁月的流逝而渐渐搁浅。

印象中，芳芳曾将自己好友圈中的一个男闺密发展成了男朋友，如果我没记错的话，两个人相处了四个月就彻底结束了。

芳芳和男闺密小王是最要好的朋友，青梅竹马，从小一起长大，他们两家的距离很近，就隔了楼下的一块草坪。

小王从始至终是以朋友的名义在背后偷偷喜欢着芳芳。在朋友的劝导和煽风点火下，小王去年对芳芳表白了。芳芳想着，自己和小王从小玩到大，彼此知根知底，认识二十多年，很聊得来，跟他在一起应该不错。

很快两个人便确立了关系。刚开始两个人的感情确实很好，羡煞旁人。可慢慢地，两个人的观念和做事的风格天差地别，面对一些敏感话题时，两人经常争吵不休，有时候甚至还好几天不理对方。

两个人分手后便再没有联系过对方，即使在楼下遇见，也是形同陌路。正因为这段感情，他们两个人再也回不去当初了。

从朋友到恋人，换了一种身份，因此遇到问题时也会用另外一种方式去对待。做朋友的时候，你可能很喜欢对方那副酷酷的模样，可成了恋人后，对方的高傲、自以为是却成了你最讨厌的一点；做朋友的时候，你会被她的独立、聪明所吸引，可转换成了恋人后，你便会发现自己曾欣赏和崇拜的那个她，其实并没有那么适合自己。

“有些感情，做朋友是一辈子；做恋人，只会是那一阵子。”

03

其实，一开始我还不太懂直男癌晚期患者究竟是什么症状，直到前段时间伊能静怒怼直男癌事件上热搜后，我才对此有了一个大致的了解。

事件起因是伊能静在微博上转发了一条关于四岁孩子被母亲毒打的新闻，并表示了自己的看法：如果还没有准备好要孩子，那就不要生。

我看见有很多直男癌晚期患者在下面评论，说她多管闲事，作为女人就应该生孩子……我想任何女生看到那些冷嘲热讽的评论都会坐立不安吧。

已经 21 世纪了，难道现在嫁人结婚就只是为了给对方生小孩、传宗接代吗？正如伊能静所说的，拥有这种思想的直男癌晚期患者们，不配有爱情。

芳芳的上一任男友也是其中之一，晚上八点后不让她出门，夏天不让她穿短裙，不可以染发、文身、化妆……

什么时候追求美变成了评价女生好坏的标准？我认为建立恋爱关系的前提是平等，是学会彼此尊重。

如果你的另一半对你说三道四，想让你成为他眼中的模样，只能说他还是不够爱你，真正喜欢你的人，哪怕你满身毛病，他也会包容与理解。

爱与被爱都是平等的，千万不要与一个不懂尊重女性的人在一起。

04

远离善于花言巧语的人。

记得芳芳跟我说过，不能找那种很会说甜言蜜语的人谈恋爱，他可以很轻易地跟你说，就可以很轻易地跟其他人说。

芳芳曾有一段网恋的经历，那个男的比她大三岁，在微信上隔着屏幕真的是很会聊天，那话说的，只要是女生就会心动。两个人在网上聊了不到一个月，芳芳就沦陷了。

两个人虽说是网恋，但也经常见面，一起喝茶、看电影，相处得很好。但一个月不到，一次芳芳逛街时偶遇到他跟别的女生走在一起，芳芳果断和他分手了。

这种不懂得珍惜的人不值得有人爱，当初他追你的时候，说尽了好话，花言巧语、滔滔不绝，等追到手后觉得没有新鲜感了，便开始寻觅下一个猎物。

这些人只想玩玩，而不想付出真心。一心向往着纯粹爱情的我们，千万不要被这些人说的那些不着边际的好话所蒙骗，感情这种东西，重要的是用心。

最后借用蔡康永老师的一句话：

“除非那个人能使你比单身时更好，否则，你凭什么为他放弃单身？”

愿所有好姑娘都能远离渣男，早日寻觅到爱情。

说对的话，做对的事

01

最近几天，我接二连三地收到读者的私信，大多数人在追问该如何与寝室室友相处的问题。

在我们的学习、工作生涯中，人际关系是我们的必修课。在与人交往的过程中，我们除了会面临一些矛盾外，情商也能得到锻炼，让我们学会做事、学会说话，好在以后的岁月里走得更顺畅、更平稳。

我素来没有删聊天记录的习惯，昨天闲来无事，在微信搜索“宿舍”二字，出来了一大串的微信对话框，滑动着屏幕，迟迟不见结尾。只要经历过大学生活，绝大多数人会有与室友不和的经历，也或许你正经历着。

通过聊天记录我统计了一下，女生宿舍是最容易出现矛盾的地方。当然，我读大学那会儿，也貌似只有女寝经常出现有室友不和的情况，男生永远是以一个寝室为“部落”扎堆坐在一起听课，而女生寝室总会冒出数个“部落”，且流动性极强。

那些新“部落”里的同学，聊的时间久了便会发现，你一直寻觅的志同道合、聊得来的人，就坐在你的旁边。

当然，最好的生存模式就是：你既能做你想做的事，也能维持好和室友之间的人际关系。

但很多人只顾着前者，却忽略了后者，渐渐地便会在人际交往方面徒增很多烦恼。那么对大学宿舍中的人际交往，我们究竟应该做到什么程度，才能和室友相处得更好呢?

02

我经常会收到一些读者的留言，关于“自己因学习成绩优秀而被室友孤立了”的消息特别多，而我自己也曾因此被大学室友孤立过。

上学时我们总感觉与室友关系不好，问题出在对方身上，我们抱怨她们不懂尊重别人、总是冷嘲热讽……可等到毕业后我们才想明白，一个巴掌是拍不响的，我们时常习惯性地将过错推到别人身上，却忘了在自己身上找找原因。

我们很努力地学习，好不容易专业成绩名列前茅，可身边同学总会说我们“学习好，人品很差”“只会学习，一点都不合群”“融入不了别人的生活，以后走不远”……这让我们也时常怀疑自己，为什么自己分明没有做错什么事情，他们却如此讨厌我？

但我们有没有想过，自己有多久没跟他们坐在一起谈心了？有多久没有和他们一起吃饭、上课、学习了？有多久没融入寝室的集体生活了？

所有的矛盾和误会都源于缺少沟通，一旦我行我素惯了，心与心的距离便会渐行渐远。但寝室的生存空间就是床铺对着床铺，始终不变，你一旦疏远了集体生活，自然而然会令室友们讨论、猜忌你的一切。矛盾也会因此慢慢蔓延，最终影响我们的学习和生活。

因此在独自刻苦学习的同时，我们要时常记得融入寝室的大集体中，在空闲时间里和室友一起逛逛街、吃吃饭，多沟通沟通，彼此多了解一下，这样我们才都能生活得开心。

03

相信大家都遇见过“老好人”，他们脾气温和，待人厚道，不得罪任何一个人，对别人的请求从不拒绝，再难的请求他们也会一口答应。

我的室友小芳就是这样一个人。

“下课你去帮我取个快递。”“好的，马上给你拿回去。”

“你帮我买份饭回来，我不想出去了。”“行！”

“你帮我做一下作业吧，太多了，明天就要交了，我要挨批了。”“那行吧。”

嗯，就是这样，她从来不拒绝别人的请求，别人让她做什么她就做什么，这种“助人为乐”的行为，小芳一坚持就是四年。

我问过她：“你快乐吗？”

她说：“不，很累，也有点寒心。”

小芳一直觉得，只要自己真心对别人好，别人就会对自己好。可当她让别人帮她一个忙时，对方却犹犹豫豫，最终以各种理由搪塞她。有一次小芳因为家里的一点急事，回学校的路上忘记帮室友买东西，对方便对着小芳破口大骂。不知不觉中，她们将小芳的帮助看成了理所应当，只要小芳一不帮忙，她们便像与小芳结下深仇大恨一样，好几天不跟小芳说话。

我想对“小芳们”说的是：“你是好人，你善良，但没有必要次次为别人服务，你有说‘不’的权利。你每次不想得罪任何人的做法，其实是在得罪每一个人。”

想要和室友相处得更好，请务必学会拒绝。

04

除了室友之间的矛盾会引发各种人际关系问题外，还有一种情况，那些不注意个人卫生、邋遢一点的同学也会受到其他室友的排挤。

别的室友干干净净，东西摆在应该放的位置，而你的书桌下扔满了废纸，桌上乱七八糟，被子永远不叠，自然会遭到他人的抵制和质疑。

该怎么说呢？如果是我们自己的问题，就应该慢慢去改正，要收拾好自己所处的环境，干净一点总归是好的，谁都不喜欢不好的事物，不是吗？

当然，室友之间应该相互尊重、相互包容，发现对方的缺点要委婉地指出并帮助对方改正，而不是私底下集体嘲讽他，甚至是孤立他。

为了能够更好地在一起生活，大家互相帮忙难道不是最好的处理方式吗？遇见就是缘分，与室友愉快地相处四年是大学里最难得的回忆。

来自四面八方的我们能在大学走在一起实属不易，因此我们要牢牢抓紧这份友谊。

有些人一旦毕业了，就再也见不到了，为了将来不遗憾，所以且行且珍惜。

你羡慕的每个人，都很不容易

01

我想要走出去的每一步都留下痕迹，我想要做的每件事情都能精彩绝伦，一个人在人潮汹涌中活出自己的风格，不畏惧，不放弃，即便孤立无援，也要昂首阔步。

上帝不会因为你是女孩子就偏袒你，性别不是你向生活妥协的理由。不管你在哪里、在做什么，命运从不会亏欠任何一个努力向上的人！

02

若你问我，大学这几年学到的最有用的东西是什么？

我想我学到的最有价值的东西应该就是独立吧。

因为独立，我可以无拘无束地做自己喜欢的事情，不需要和他人纷争，更无矛盾；

因为独立，我爱上了读书，喜欢上了写作；

因为独立，我越来越安静，更懂得如何去思考和判断。

这几天我一直在想一个问题：上大学，我们究竟该学些什么？

有人说，上大学就是要学好自己的专业，争取拿奖学金，最好能拿国家奖学金。

也有人说，上大学应该多做兼职，一来多积累社会经验，二来还可以赚点生活费；

…………

但我认为，大学里面更应该学的是：思考、独处、认识并创造自我。

我从大二开始，坚持把每天的所想所得记录下来，久而久之养成了习惯。

在思考和独处中，我开始了这样的生活：每天像傻子一样写着根本不会一夜爆红的文章，在别人打游戏的时候安心地读书找素材。

很多读者觉得我的生活很励志，而且丰富多彩。可是他们不知道的是，他们两三分钟看完的文字却是我在无数个夜深人静的夜晚花费好几个小时敲打出来的。

他们只是看到了一篇又一篇的励志文章，谁也不会知道我的电脑里有多少写了一半就写不下去的稿子，有多少篇构思好框架却没有精力去填充故事的稿件……

写作就像一个坑，你一旦跳下去，找不见出口，更没有捷径，你只能靠不断丰富自己去填这个坑。

03

很多人羡慕我可以为自己的爱好坚持这么长时间，但其实我并没有什么好令人羡慕的。我只不过是在做自己喜欢的事，坚持自己小小的梦想，不过是不喜欢将就罢了。

在文字里，你看到的只是一小部分的我，是最光鲜靓丽的我！

这份光鲜靓丽背后的孤独寂寞、失望迷茫、无助恐慌、不知所措，也只有我一个人能看到。

这个时代里，羡慕也是一种动力。就好比一件事情你坚持不下去的时候，看看那些你羡慕的人过成了你理想中的样子，你会因此不甘、不服，然后像是打了鸡血似的能量爆棚，开始继续坚持。

04

这两年我认识了很多作者，他们和我一样，虽嘴上喊着撑不下去，却仍笔耕不辍。写的时间久了，我发现文字在我心中不只是爱好，而是坚定不移的信仰，承载着我小时候的梦！

很多时候，我们看到衣着光鲜、在某些方面有所成就的人难免会心生羡慕，可你要知道，他们的背后必定经历过一段灰暗的岁月，只不过他们不想向世界公开那段岁月，只想展示给全世界一个漂亮的结果。

这世上没有那么多的幸运儿，你羡慕的那些人之所以能够获得突出的成就并非天资聪明，而是他们真的很努力，一直在坚持做自己喜欢的事情罢了！

我们看到的光鲜靓丽的背后，往往藏着鲜血淋漓的伤口。

谁的人生不是磕磕绊绊？谁的青春不是拼得头破血流？梦想当前，再难我们也只能向前走。

我并不聪明，所以四年来坚持着这些习惯

01

大学的生活就像是人生的一道附加题，无论过去有多不堪，好在还有这四年的增值期，只要选择对了，我们都会遇见那个更好的自己！

前几天公众号上有个读者问我："你写了很多关于大学生活的文章，你在大学里做了些什么事啊？你觉得作为一名即将上大一的新生，我要怎么做才能让我的大学四年不留遗憾？"

作为一名已经毕业的老学姐，我想和你们谈谈我的大学。

习惯是一件很可怕的事，它比坚持还要恐怖。有人说好的习惯可以改变一个人的一生，只有实践过的人才知道这句话的真谛。

从大一到现在，我的变化的确很大，身边的朋友也这么说。我不愿一些人把我这几年的变化称为“逆袭”，因为我不是一回头、一眨眼就完成了这样华丽的蜕变，而是经历了无数个挣扎的夜晚才换来的。

大学时，身边绝大多数人是来混文凭的，可拿到本科学历后又能怎样？与其混吃等死，不如提升自己；与其急功近利，不如做好自己。

02

大学时，我养成了四个习惯，并且一直坚持到了现在。

①每天做计划，一天比一天有进步。

大学里课程很少，大多数时间要自己去安排。我每个学期都会给自己准备一个厚厚的计划本。每天睡觉之前就把它拿出来，花上几分钟的时间，根据当天计划的完成程度来制订第二天的计划。

我知道自己有很多不如别人的地方，比如身材、普通话、英语水平，于是大一的时候我就给自己做了一张课程表，把它贴在了书桌最隐蔽的角落。

课程表上详细标注着每天“出去跑了多少米”“练习了多长时间前后鼻音”“做完了几篇完形填空”……每天我回到寝室后，都会在那张表格里打勾，并开心地告诉自己当天任务完成。

我有早读的习惯，每天睁开眼睛我都会看一个小时的文章，然后思考我今天要干什么，要做到什么程度效果才最好。

我做每件事情，心里都会做好计划，虽然有时候计划赶不上变化，但有了计划后遇事就能不急不躁。

②多锻炼，多运动。

我很能走路，尤其享受一个人走在路上的感觉。

边思考、边前进、边运动，既可以到达目的地，也可以在这段路程中想明白一些事情，顺便也消耗了身上的卡路里，一箭三雕，何尝不是一件好事？

不是太远的路程的话，我建议你们可以尝试步行，不要一出门就打车，生活得太过滋润，不仅人会变胖，还容易养成很多生活恶习。

我一般晚上八点左右会出去跑步，身体不适的情况下，也会出去走动走动。

你要记得不要在大学的温床里变得懒惰，无论你多么优秀、多么与众不同，你都要为自己的身体负责。

③坚持阅读，学习做读书笔记。

“人丑就要多读书！”我经常用这句话来激励自己，看书能够让我变得优雅知性、有内涵。我们不难发现，身边那些爱读书的女孩子很独立自信，她们有主见、有自己的思想。

我喜欢待在图书馆看书，看过心理学、逻辑学以及财经等各个领域的书籍，晚上睡觉前或者早晨起床后，我也会花一小时阅读。我不要求自己从中学到什么，只要有所感悟，我就觉得很充实。

每次我感觉很浮躁的时候，总会拿起一本书，因为只有在看书时，我的内心才会得到前所未有的平静，静到可以听到自己真正的心声，读书能让我沉淀自己！

我还是那句话，读书可以改变一个人，爱上它，你会变得越来越美！

④培养一个兴趣爱好并坚持下去。

我有写日记的习惯，从大一起就开始记录我每天的生活，很闲的时候我总会翻开日记看看，别有一番感触。

我喜欢跟文字打交道，所以我经常会思考、总结自己的人生经历，或通过阅读别人的书来提高自己的写作水平。刚开始的时候我常年混迹于某网站，写得多了，自然也就有了粉丝。

每一个站在金字塔顶端的人都曾是无名小卒，我们要慢慢来，急功近利换不来好结果，只会适得其反。只要脚踏实地，一步一个脚印地走下去，我们总会走出自己的风格，成就优秀的自己。

若你喜欢唱歌，只要你每天练习、总结技巧，终有一天你也能唱出动听迷人的歌声；

若你喜欢画画，无论是素描还是油画，只要你选好目标并苦心钻研，多年后你也可能成为一名万众瞩目的大师；

…………

坚持做一件事情很难，通往成功的路上挤满了有梦想、有追求的人，走到最后的却寥寥无几。正是那些中途放弃、坚持不下去的弱者的衬托，才显得我们与众不同、闪闪发亮！

愿你在今后的日子里，即使单枪匹马，也能拥有一颗勇敢的心！

第五辑

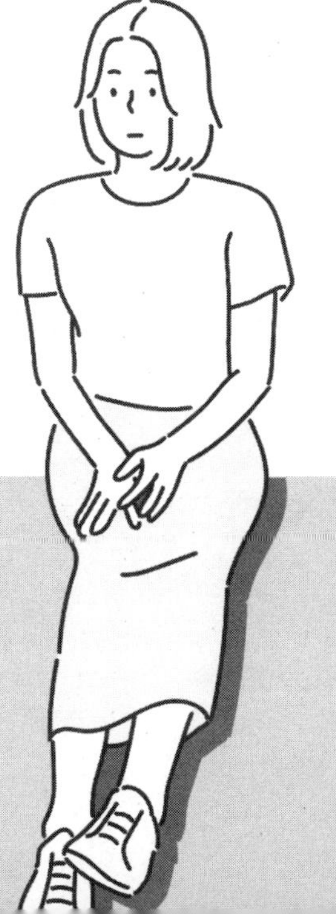

你吃过的苦，
总有一天会笑着讲出来

我们为什么要谈恋爱

01

小果跟我抱怨："为什么都没有男孩子喜欢我？单身二十多年，我好想轰轰烈烈地谈场恋爱啊！我不想孤独终老。"

我说："你还年轻，为什么这么着急？再等等总会有的。"

她噘了噘嘴，苦笑地看着我说："想遇见一个合适的人太难了，简直难于上青天，再等下去，会被剩下的。"

小果现在的状态是，想谈一场恋爱又没有她喜欢的人，喜欢她的人她又不喜欢；不谈恋爱吧，总觉得生活缺少点色彩，但也不想随随便便将就着去谈恋爱，于是始终是一个人。

每次出门玩时，别的朋友都成双成对的，只有她独自一人。

二十二岁，谈恋爱很难吗？

嗯，很难，难到大多数人不想去谈恋爱了。

02

我时常问自己：我们为什么要谈恋爱？

我自己可以做饭、逛街、收拾家，过着“一人吃饱，全家幸福”的小康生活，不用考虑对方的感受，不用问对方想要吃什么，更不需要去想对方到底又因为什么不开心了；

我无聊的时候就看会儿书，烦躁不安的时候就出去走动走动，有时候还可以约很多很多朋友去外面旅游，我喜欢这种自由自在、无拘无束的感觉。

我独守着自己的一片小天地，在别人进不来我也不想走出去的这方“净土”里，享受着我的孤独。

正如一首歌中所唱的：于是我一个人喝酒，一个人唱歌，一个人面对这无聊的生活；一个人买来面具假装着强悍，笑着跳进人海里……

但仔细问问我的内心：每发一次朋友圈时，是不是很渴望让一个特殊的人看到？每次独坐在沙发上时，自言自语的时候是不是很想对面坐着一个人和自己一起聊聊天？每次逛街时，是否也曾想过，如果身边有个能拿包的人，该有多好？

“许多我们深信不疑的事，后来发现根本没有，比如爱情。”

像小果所说的：“因为爱情，我选择两个人，我只爱你三天，今天，明天，每一天。”

一直以来，我内心很矛盾，不知道这个年代爱情是否还存在，是否还能永恒，但毋庸置疑的是，世间的每一个人，都在用一生的时间去追寻爱情。

03

我的闺密小朱说过这样一句话：“大学里谈不谈恋爱，我也说不准，如果在这里能遇见那个合适的人，刚刚好。”

小朱计划明年情人节领证，大学时我就很看好这对小情侣。他们大二的时候认识的，两人是同班同学，坐前后桌，当时因为时常要一起组织一些活动，所以两人在独处的时光中增进了对彼此的了解。

他们两个人，其中一人遇到困难泄气的时候，另外一个人就会为对方鼓劲、开导对方，慢慢地成了彼此最有力的精神支柱。

两个人后来确定了恋爱关系，比以前更有默契，相处得也越来越顺心。我问过小朱："你为什么想谈恋爱啊？"

她说："因为他，我变得更好了，而且他还让我的生活更加快乐幸福，痛苦的事情越来越少，我很喜欢这种感觉。"

也或许谈恋爱真的不需要什么原因，当那微妙的感觉出现的时候，我们自然会知道。

就像张爱玲所说的：

于千万人之中遇见你所遇见的人，于千万年之中，时间的无涯的荒野里，没有早一步，也没有晚一步，刚巧赶上了，那也没有别的话可说，唯有轻轻地问一句："哦，你也在这里吗？"

04

我想起蔡康永说过的一句话："恋爱最珍贵的纪念物，是你留在我身上的，如同河川留给地形的，那些你对我造成的改变。"

在大学时代，孤独的确是一种常态，可是一路走过来，我竟然忘记了去改变孤独的状态。我们每个人都有爱与被爱的权利，这种权利不是别人赋予的，而是需要我们自己去争取的。

我们为什么要谈恋爱？

或许恋爱可以让两个人发挥出更大的潜能；也或许恋爱可以让我们成长，成为彼此心中最好的我们；又或许，只因恋爱过程中的种种小美好。

可是不管怎样，我都希望你们无论是选择一个人精彩，还是选择两个人相爱，都可以不负此生。

祝安好。

从未谈过恋爱的单身狗也渴望着爱情啊

01

二十多年来，我一直是一个人，从未谈过恋爱。走在大马路上，看到一对对小情侣从我身边走过时，我也曾幻想，如果我有了男朋友又会是什么样的场景。

很长一段时间里，那个他一直住在我心里，却从未在现实生活中邂逅过。

你知道吗？我在心中无数次想象过你的模样，想象着和你一起逛街、吃饭、说笑的画面。每年的七夕、情人节，我都一个人宅在家里，静静地看书，或是听听音乐，默默地在角落里做着自己的事情。

身边很多朋友曾问我，为什么不想去谈恋爱？我每次都支支吾吾地回答不上来。是恐惧，还是认为自己不够格？又或者是还没遇到对的人？我不得而知。

我想我是害怕生活里加入另一个人后影响我整个生活节奏的步调，但尽管如此，我依旧渴望着爱情。

我知道校园爱情是最纯粹的，没有掺杂利益，只有我喜欢你，你也喜欢我。

我在读书生涯里没有邂逅过一段校园恋情，你问我遗憾吗？确实很遗憾，所以如果你还有机会，请不要像我一样错过。

02

现在回想起自己的青春，我很后悔当年错过的那段岁月。

那时我大一，遇见了一个男孩。

他似火一样热情奔放，又仿佛风一样沁人心脾。

他学英语，我学传媒，我们的认识源于一场社交晚会。他是我朋友的朋友，互加微信后，我们聊了几次天，自然而然地拉近了彼此的距离。

他喜欢我，我知道。

无论多忙，每天早晚他都会对我道“早安”“晚安”。

为了追我，圣诞节时他除了送我礼物外，早晨六点还跑到我的宿舍门前堆雪人、搭圣诞树；为了去 KTV 能和我合唱，他学会了所有我会唱的歌曲；他在手机的备忘录里记下了我的日常喜好；我学习遇到了困难、回家买不到票，哪怕只是有一点点感冒，他都比我还要着急。

他向我告白时的场景，我记忆犹新。那天空中飘着漫天飞雪，在昏黄的路灯的照射下雪花显得格外晶莹透亮。他对我说：“我喜欢你，为了你，我可以做任何事。”

那时我十九岁，刚上大学，就遇见了这样一个爱我如同爱自己的生命的男孩。

而我拒绝了他。现在回想起来，我早已不记得自己没和他走在一起的原因。是因为自己太小，家人不允许我谈恋爱？还是怕谈恋爱会让我沉溺于甜蜜中忘记自己上大学的目的？又或者是觉得自己不够优秀，配不上他？

之后我曾很努力地回想自己当初不同意的原因，貌似怎么也找不到一个能说服自己的理由。

四年过去了，我时常会想起他，他曾为我勾勒出爱情最美好的模样，同时让我相信世界上还存在着真爱，可我返回去再想找回爱情时，发现一切都已经晚了。

03

前两天我跟一个朋友聊天时谈起了我的恋爱观。这个朋友比我大几岁，算是我的一个学长吧。他说大部分的男生不太喜欢像我一样过于独立的女生，独立的女生确实内心强大 ，但有些男生承受不住这样的压力。

有时候爱情真的是一个很奇妙的东西，男生喜欢在女生身上找存在感，他们总想通过帮女朋友解决问题来获取成就感，但我觉得这样的男生本身是没多大存在感的。

现实社会中，我们不难发现，姑娘们活得越来越像身披铠甲的女勇士，因为缺乏安全感，因为有太多的不安和无奈，所以她们只能用坚硬的外壳将自己保护起来。

我心里很清楚，太过独立的姑娘得不到别人的疼爱，我们可以思想独立、经济独立，但请记得，在爱情中给对方一点机会，让对方觉得你需要他。独立是女孩的选择，呵护是男孩的选择，我们其实是渴望爱、渴望被保护的，不是吗？

爱情很美好，我们应该庆幸自己能够在最美好的时光遇见自己喜欢的另一半。当然，单身的我们也不必悲伤，我们还有很多时间去经历、去体验。

我虽然至今从未谈过恋爱，但并不代表我不相信爱情。

正如杰克·伦敦说过的，爱情待在高山之巅，在理智的谷地之上。爱情是生活的升华、人生的绝顶，它难得出现。

04

一路上我将继续一边耐心地等待着，一边高傲地单身着，总有一天，我会遇见一个人，他低着头对我微笑，说着“余生请多指教”。

我们渴望有人爱，希望自己是一个幸福的人。但在这之前，我们都要对自己好一点，打扮好皮囊，修整好内心，做一个不辜负自己的人。

爱一个人容易，被一个人爱也容易，唯独找到一个志同道合、彼此相爱的人很难，不必害怕等待的痛苦，说不定你一直追寻的人就在前面等着你。

所爱隔山海，山海不可平

01

G 小姐发了一条朋友圈：“异地恋真的好难熬，感觉自己快坚持不下去了。请问异地恋究竟该怎么维持？”

我看见朋友 H 在下面回复道：“没有人喜欢异地恋，谈恋爱是没有什么方法和技巧可讲的，之所以还在坚持这段感情，只因为对方是你。”

异地恋是一种什么样的感觉呢？

用G小姐的话讲就是，明明有对象，却活得像单身。别人成双成对，在大马路上肆无忌惮地秀恩爱，自己却只能握紧手机，对着屏幕失落地说着："你在吗，今天有没有想我？"

生病的时候，明明一个拥抱就会解决所有的问题，可偏偏摆在你面前的只是一部手机，而心里想要看到的那个人离自己十万八千里。

G小姐说："我只能抱着手机了解关于他的一切。他吃饭的时候不理我了，我总会瞎想，感觉他在和小姑娘吃饭；晚上打他的电话没人接，我一宿都睡不了觉，直到知道他平安为止。"

"你今天干吗了？"

"我好想你。"

"我在工作，我也很想你。"

"不早了，早点睡觉。"

"晚安，亲爱的。"

就这样对着屏幕，彼此在键盘上不停地打着字，屏幕上显示着永远打不完的"对方正在输入"。

所爱隔山海，山海不可平！

02

毕业后，大学闺密阿珠和她的男朋友也开始了一段漫长的异地恋。

一段时间后，不知是因为对方移情别恋，还是不爱了，阿珠收到了那个曾经许诺要和她厮守一生、爱她一辈子的男人的短信：我们变得越来越不合适了，我们分手吧！

那天她打电话叫我过去，我看见她瘫软在地上，头发凌乱，眼睛又红又肿的，想必在我没来之前她就已经痛彻心扉地大哭过一场了。

她拉着我的手，哽咽地说道："六年的感情啊，现实赢了。所谓的空间和距离终究打败了我心中至高无上的爱情。我输了，输得一塌糊涂。"

阿珠和她男朋友的故事我知道很多，在大学时期他们的关系特别好，很多人很羡慕这段缘分。同班同学也在私底下说，他们这一对是奔着结婚去的。可毕业后他俩一个回了老家，一个去了大城市闯事业。男生对阿珠说："等我在外面事业稳定了，我们就结婚。"

阿珠一等就是两年，七百多天的异地恋最后换来的却是分手结果。

她说：“我不喜欢异地恋，也很想放弃，可是我喜欢他。正因为有爱，即使我们之间相隔万里，我也憧憬着有一天他会回来兑现他的承诺。”

“我不喜欢异地恋，我只喜欢你！”

“因为爱你，我熬过了所有一个人的岁月。”

o3

想必谁都不喜欢异地恋吧。

“我生病了，第一个告诉了他，可陪我去医院的不是他，甚至连陪我说说话这么简单的事情他都做不到，只能发微信问候一句：‘宝贝，我不在身边，你一个人要照顾好自己。’”

“他明明知道过几天就是我的生日，却因为彼此都忙，距离又远，他只能告诉我自己不能陪我过生日了，然后默默地发红包祝我生日快乐。”

“他不能陪我吃饭，不能陪我逛街，更不能每日每夜地和我在一起。”

其实，有时候我真的很羡慕那些能在同城谈恋爱的人，走同一条路，看同一处风景，想见的时候见，不想见了那就各忙各的，随后一个拥抱两人又能和好如初。

这样的爱情，不用整天抱着手机，不用因为一天联系不上而着急到发慌，更不用在短暂见面后准备离开时不舍地强忍泪水。

异地恋中的人无数次地想放弃，可又无数次地坚定着信念，只是因为遥远的距离后面是我们爱的人。

04

韩寒曾经这样说：

“谈恋爱就该经历一下异地的感觉，体会一下欣喜忧愁无从分享，欢笑落泪不能拥抱，隔着屏幕隔着电话隔着书信联系直到你几乎发疯，学会拒绝诱惑，学会处理一个人的时间，学会照顾自己。也只有这样，在下一个拥抱乃至白头偕老，你才会感恩，异地恋不只考验对方的耐心，更是考验自己的认真。”

也许只有经历过异地恋的人才会明白，什么海誓山盟，什么甜言蜜语，这些远远没有你来到我的城市找我时来得幸福，那种你与我只隔一米的爱情才最让人感动。

熬过去的距离，就是一生；

我知道异地恋很煎熬，但既然选择了守护一辈子的人，那就别轻易放手。

希望有一天，我们不再对着屏幕说晚安，不再抱着手机谈恋爱，每段爱情都可以幸福美满！

像她这样强硬的女孩

01

不知从什么时候开始，身边的朋友们已成双成对，出去吃饭或者郊游时，我总会觉得自己孤零零的很尴尬。尤其是一起拍照的时候，我站在最中间的位置，两边的小情侣摆出很亲密的动作，把我衬托得更加可怜。

那天吃饭时，室友在饭桌上聊起她的男朋友小光。当时小光也在场，她以为小光并不介意，便开玩笑地说："我跟你们讲，我对象平时可邋遢了，对我特别抠，什么都舍不得给我买，不像你们，有一个大方的男朋友。"

小光听后满脸尴尬，反驳道："我对你怎么不好了？哪次过节我没给你送礼物？”室友继续调皮地说道：“你对我就不好，你看人家送的礼物都是……”

室友话音未落，小光的声音提高了一倍，他生气地说道：“平时送礼物都是你说要啥就买啥，现在又怨我送礼物不得你的心意，我给你时你可以不要啊。”

室友听见小光加重语气，她的脾气也上来了：“大家都这么熟悉了，我开个玩笑而已，你急什么？一个大男人，玩笑都开不起。”

两人这么一闹，一桌子人都很尴尬。

02

我们很清楚他们两个人的性格都属于很强势的那一种，但争吵过后，室友一个女生始终是弱者。随后在大家吃饭说笑的时候，我听见了室友抽泣的声音，豆大的泪珠落在餐巾纸上，浸透了整张纸，我看了也很心疼。

但心疼她的同时，我的内心还有些许羡慕，她不像我，连个争吵的人都没有。甚至在我看来，这种吵闹反而是一种对彼此表达爱意的方式。

我大学一直单着，甚至从来没有处过对象。我经常跟别人说，我不相信爱情，其实，只是说说而已。我最怕的是，爱情这个东西会让我失望。

为了时刻保持着我对爱情的那份美好憧憬，我选择一个人。

曾经有一次去图书馆的时候，一对学霸情侣就坐在我对面，女生做题遇到了困难，用手挠着头，一脸愁眉紧锁的模样，男生看到后笑了笑，直接把她的资料拿过去，思考过后自己做了一遍，然后耐心地给女生讲解。

临近闭馆时，女生去了趟洗手间。我看见这个男生把自己的书本收拾好放进书包后，又很顺手地去帮女生整理，把桌子上一页一页的草稿纸摞在一起，又小心翼翼地将一本本的资料放进女生的书包里，还拍了拍书包上的灰尘。

等女生回来后，见她双手湿漉漉的，男生帮她拿起书包后两人走了出去。

全程无任何语言沟通，两个人之间不经意的小举动，却让我有一丝丝的感动，心中不禁开始羡慕他们。

一个人单身久了，尽管我越来越喜欢那种放荡不羁、自由自在的感觉，但是我依旧渴望爱情。我时常幻想两个人的生活是什么样的，那时候我还会觉得单身也是种享受吗？

单身久了，我也得了一种“别人一喜欢我，我就开始讨厌他”的病。

若是吃饭喝茶、逛街看电影时身旁多了一个人，我总是迫切地希望他主动离开，这种想法总让我感觉自己会孤独终老。

这个世界上最温馨的画面莫过于找一个人，一起哭笑、一起争吵、一起做些美好的事情，倘若可以，一起度过余生。

o3

我在网上看到过这样一句话：有趣的人普遍单身，因为他们一个人就能撑起无聊的岁月，很难找到比自己还有趣的人。

我们这一群单身的姑娘呢，活成了女金刚，什么事情都自己来，对我来说，最难做到的事就是开口找别人帮忙。

我们不甘落后，从不把自己的性别当成是柔弱的资本，相反更拼命努力，想成为女中豪杰。

很喜欢《致姗姗来迟的你》中的一段词：

真的我并没有觉得孤单，

我相信你正在与我相遇的路上马不停蹄，

所以当我拥抱整个世界的孤寂，

也像拥抱着你。

我们都在等，等待那个对的人出现，即使暂时还没遇到，但请不要着急，迟早会来的。

会有那么一天，你倾慕的那个人站到你面前对你说：“我来晚了，余生，请多指教！”

三个人的友谊，我出局了

01

微信收到一条消息，是学妹阿胶发来的一段很长很长的话：

“我今年大二，高考失利后去了北京一所二流大学。我不应该是这样的水平，于是上了大学后，我比中学时代还要努力。我在大学结交了两个朋友，刚开始处得挺好的。慢慢地，她们俩玩游戏，我不玩；她们俩去逛街，我不去；她们俩一起逃课，我不逃。后来我被她们两个孤立了，她们在背后说我很孤僻、不好相处。平时一起走在路上，她们两个人谈天说地，我却时常佯装微笑。”

她还抱怨说：“我究竟做错了什么，感觉全世界都抛弃了我。独在异乡，身边没有一个可以倾诉的人，接下来的路怎么走，我真的不知道该怎么选择。”

她不去参与她们的行动只是不想虚度光阴罢了，只是想用有限的时间去塑造一个更优秀的自己，难道这有错吗？

02

我也曾有过这样的经历。

一次我跟两个好朋友走在路上，突然鞋带开了，我停下来说了句：“等一下，我先系个鞋带。”我以为她们两个会在旁边等我，并调侃着“出门连鞋带都系不好”之类的话，一抬头却发现她们两个人走得越来越远。

每次我们一起出门，总是她们两个聊得热火朝天，而我站在旁边就像是陌生人，永远插不进她们的话题。

还有一件最令我记忆深刻的事情，一天晚上我那两个好朋友偷偷出去吃夜宵，后来觉得吃不完倒掉又有点可惜，于是打电话叫我过去解决掉。

讲真的，当时有种说不上来的失落感涌上我的心头，但不知为何，再见到她们时，我还是会笑脸相迎。

我最害怕的就是公交车上的两人座、只能并排走两个人的楼梯以及上体育课时的双人游戏……

那种三个人的友谊中，另两个人越走越近的感触，女生们最清楚不过了。

o3

我上学的时候，有一个很好的朋友小刘。起初只有我们两个人的时候，可谓形影不离、无话不说，恨不得每顿饭都要一起吃、每条路都要挽着手一起走。面对彼此，我们没有顾虑，更多的是信任和包容。

随后一段时间，我看见小小每天都是一个人上学、一个人吃饭、一个人去图书馆，她与我们虽不同寝室，但也是一个班的。作为同学，我总不想看见她这么孤单，便把她介绍给了小刘认识，她们两个也很投机，没过几天，我们三个人就建立起了友谊。

不知是过了一个月还是两个月，我隐约发现这段友情有了微妙的变化。小刘不再每天找我吃饭，我一忙起来，小小跟她走得非常近。

后来老师安排两人一组完成任务的时候，我居然落了单。从那时起，我失去了那份独一无二的安全感，一到分组完成作业时，我总会变得极其敏感。

尽管如此，我还是一次又一次地说着："咱们三个人，你们两个人一组吧，我去和老师做搭档。"

后来，类似这样的话越来越多：

"你们两个人先去吃饭吧，我还有点事情"；

"要迟到了，你们两个人先走，我随后就到"；

"你们两个人去逛街吧，我周末还要去上课"；

…………

当三个人有空再聚起来的时候，我发现她们两个总在聊天，我却一句话也插不进去，只能默默地一个人走在旁边。

04

三个人的友谊中，总有那么一个安静的人，聆听着其余两人谈笑风生，在她们吃着、玩着、开心着的时候，配合地笑着。

就好比：

三个人牵着手一起走，在一条窄巷子里停了下来，其中一个人毫不犹豫地放开了你的手，拉着另外一个人走在了前面，你却只能慢腾腾地走在后面。

你沮丧、心酸、无可奈何，而那两个人手牵着手有说有笑，丝毫不在乎你的感受。

三个人的友情总会有一个人受伤。

你难过失落、绝望至极，终于在情绪失控的情况下，把内心所有的怨气和不满通通说了出来。

可她们说是因为你不愿意去融入，不肯花时间去培养这份所谓的友情。

然而你明明默默地付出了很多，于是她们的态度让你心寒，觉得自己做再多也是徒劳。

最终两人为伴，三人不欢，走在路上太拥挤。

05

也许很多人会说：“三个人同行，不仅拥挤，还很心累，所以我选择退出。”

在现实生活中，我们或多或少会遇到需要处理三个人的人际关系的时候，但逃避往往不是解决问题的最佳方式，唯有迎难而上，问题才会迎刃而解。

怎样才能维护好三个人的友情呢?

千万不能绝交，要保持一定的联系。

如果你被孤立了，首先要从自己身上找原因，不要沉迷在自己的世界里。如果另外两个人经常联系而你从不参与，时间一长难免会失去和他们的共同话题，感情也会慢慢变淡。

解决人际关系问题时，沟通和交流是最好的处理方式，再牢固的友谊也是需要付出精力去维持的。

三个人的友情里，即使你学习再忙、工作再辛苦，也别忘了和你的朋友一起坐下来聊聊天、吃吃饭。

我也曾被孤立过，懂得那种凄凉和无助，正因为我经历过，所以我不想让这种不美好的经历去困扰更多的人。

感恩身边遇见的每一个人，此生足矣!

网恋真的能遇见真爱吗

01

不知不觉中，95 后都已经开始慢慢走向社会了，我会感到恐慌是真的，但心中也不禁为我们已长大成人而窃喜。

关于恋爱，95 后有他们的交友方式。上星期在公交车上，前面的小弟弟刷着抖音，反反复复一直在看同一个人，坐在他旁边的阿姨估计是觉得无聊，就凑上前去和他一同看起来。

看了一会儿，阿姨不解地问："怎么总是看同一个人呢？""我女朋友。"小弟弟很快回答道。

"很漂亮啊，你们怎么认识的？"阿姨好奇地打听着。那个小弟弟也毫不在意地说道：“网上认识的，之前刷抖音就开始关注她了，很喜欢她，正巧我们是一个地方的人，后来见了一面，彼此都很满意，就确立了恋爱关系。”

而后我快下车的时候听见他说了一句：“比起相亲，我更喜欢网上交友。”

是啊，貌似现在这个世界，只要有网络，就没什么做不到的事情。

但网络交友真的靠谱吗？

02

前几天，闺密小刘突然向我抛出一个问题：“我们为什么要谈恋爱结婚？除了要遵照父母‘男大当婚，女大当嫁’的观念外，还有什么其他的好处吗？”

我看了她一眼，下意识地挠了挠头，竟不知道该说些什么好。

并不是所有的人都像苏小姐那么幸运，在网上遇见了自己想要相守一生的人。

就在不久前，我收到了苏小姐的结婚喜帖，她跟她男朋友是去年 1 月份在“探探”上认识的，做了简单的自我介绍后，两人觉得很合适，便互加了微信。

男生很关心她，天冷让她注意加衣服，饭点催她按时吃饭，还时不时地给她送礼物。虽然两人都没表白，行为举止中却夹杂着说不尽的幸福和甜蜜。网上聊了差不多一个月后，两个人确立了恋爱关系。

苏小姐跟我提起俩人在咖啡厅第一次见面的时候说，那是一种无法用语言描述的美好，就好像命中注定一样。

我们作为朋友都看在眼里，男生出门给苏小姐拿包，不用开口他便知道她想要什么，二人和和气气的，做什么事情都商量着来，大多以苏小姐的意见为主，就这样两人相处了一年多。听到他们要结婚的喜讯，我除了满满的祝福以外，也由衷地替他们高兴。

o3

可仔细思来，网恋最后成功走在一起的又有多少人呢？我一直觉得苏小姐是被命运偏爱的“宠儿”，并非所有的网恋都能遇见那个命中要厮守一生的人。

前段时间，我无意中翻看微博，发现“网络奔现”一词上了头条。顾名思义，网络奔现的意思就是通过游戏、抖音、社交软件等渠道认识一些人后在现实生活中见面。

当时微博上说了这样一件事：

男生和女生在网上相恋，终于到了彼此见面的时候，而就在两人见面后，坐在一起吃饭时，男生觉得女生的长相让自己很反感，跟照片上的人一点都不像，于是趁上厕所的机会偷偷溜走了，还拉黑了对方的联系方式。

总之男生嫌弃女生丑，自己点了一桌一千多块钱的饭后趁上厕所溜走了。

对网上认识的人，我们抱有种种幻想，但大千世界，有人品好的人，也有太多的奇葩，不管怎样，作为女孩子还是要小心谨慎些，不管有多爱，都不要丧失了理智的判断。

我们都怀着侥幸心理，认为爱情的号码牌会不经意地砸中自己的，但请务必想清楚，我们并不知道屏幕后的那个究竟是怎样的人。

跨过山和大海，只为寻找你

01

表姐二十九岁了，还没结婚。

我问她：“都相亲二十几个人了，难道没有一个合适的吗？”

她叹了口气，摇摇头对我说：“难，貌似怎么也找不到那种看一眼就知道自己注定要与他过一生的人。”

我表姐研究生毕业后，在国企上班，有稳定的收入。在亲朋好友心中，表姐样样都好，唯一美中不足的就是找不到结婚对象。

朋友也劝她别太挑剔了，差不多合适就凑合着一起过吧。

可表姐坚持自己的想法，觉得如果找一个人结婚只是为了繁衍后代，那这份婚姻就失去了它存在的价值，这样的生活倒不如一个人来得自由快乐。

现在越来越多的女孩子如此，独立好胜、长得漂亮、做事情追求极致。

年轻的时候我们喜欢用五官、身材去判断一个人，会被人好看的外表所吸引，可越长大越发现，人和人之间最大的区别是内心，而不是外貌。

那找男朋友的标准，究竟有哪些呢？

02

①聊得来是找男朋友的第一标准。

朋友小七上个月参加了一场联谊活动，在活动中她认识了一个男生，我们都以为两个人很合适，有可能走到最后。

那个男生长得帅，学习成绩好，很多人对他感兴趣，可后来他选择了小七。

昨天我在微信里问她：“你们两个相处了一个月，感觉怎么样？有没有那种相见恨晚的感觉？”

小七回复我说：“讲真的，他挺好的，各方面都很优秀，但我们不适合在一起。”

我问她为什么。

她说：“我们不是一个世界的人，不是那种聊得来的人。”

他喜欢恐怖片，喜欢看比较刺激的读物，小七则比较文艺，倾向于看一些小清新、有艺术气息的电影，两个人平时谈着谈着就陷入了无话可说的境地。

从前我总觉得以“我们不是一路人”为理由分手的人，一定是在找借口。可自己经历过我才发现，这个世界上有太多的人跟自己不是一路人。

找男朋友找一个合适的人很不容易，找一个既同路又聊得来的人更不容易。

②可以不是很有钱，但要舍得为你花钱。

昨天中午闺密聚餐的时候，珍珍聊起了她的男朋友，说自己马上要结婚了，将要嫁给那个对的人。

珍珍谈了四年的恋爱，大学时俩人都很穷，男生哪怕自己三天三夜不吃不喝，也要省出一笔钱去给珍珍买生日礼物；他分明很喜欢吃肉，但在她面前，总是违心地说："我不喜欢吃鱼，有刺，我还是喝汤吧，鱼汤有营养。"他恨不得把所有的一切都交给珍珍。

毕业后，两个人都有着就业的压力，珍珍身体不好，男生就让她先静养一段时间，自己负担起了全部的花销，花光了所有的积蓄。

肯为你花钱的男生不一定爱你，但不肯为你花钱的男生一定不爱你。

再好的感情也需要一定的物质条件来支撑，肯为你花时间和金钱的人，不论爱与不爱，我们都应珍惜、感恩。

③知上进、有责任心是选择另一半的必要标准

知上进，就是愿意为了你们的将来去努力，人可以穷，但要有颗不断向上的心。

那种经常幻想美好的未来却不为之付出行动，一遇事情就选择逃避，做什么事情都无法挺身而出的人千万不能要。

现在这个社会，有太多长不大的“巨婴”和“妈宝男”，他们不值得女生去爱。

有责任心是每个人必不可少的品质,更是选择另一半的必要标准。

不管怎么样，我希望每个姑娘都能遇到一个懂得感恩、求上进、责任感强又跟自己聊得来的男生。

同时我也希望，男孩子们能够随着长大，慢慢地学会承担起一定的责任和使命。

喜欢你，但不能在一起

01

那天小丽急匆匆地来找我，给她开门时，我隐约感受到了，她有种从未有过的冲动和慌张。她气喘吁吁地看着我，嘴角的笑容收都收不住。

“男神向我表白了，就在早上，你快帮我分析一下。”她一边说着一边掏出手机，让我看男神给她发的微信。

还没等我看完他们的聊天记录，小丽突然拿起镜子，眉头紧锁，叹了口气说道：“我长得这么丑，是不是没有资格喜欢别人啊？

“你说，他究竟喜欢我什么呢?

“我不够漂亮，身材不够好，也不是很优秀，总觉得自己都没资格谈恋爱。”

眼看当时的气氛沉了下来，我向她做了一个鬼脸，把话题转了过来：“人家喜欢你，说明他眼里的你全是优点。人嘛，不要紧盯着自己的缺点，反而要发挥自己的优势，使自己变得足够强大。”

她听完没有说话，一个人走到了窗户旁边，貌似在想些什么。

其实有一种丑，往往是自己觉得自己长得丑，而在心仪的人眼中，你永远是最美的。你的眼神、你说话的语气，甚至你的每一个动作，在对方心中都是无与伦比的美丽。

02

这么多年来，小丽一直是单身，好不容易遇到一个喜欢的人，居然开始畏首畏尾起来。

小丽心中的这股自卑，其实我很能体会，因为我们都曾是别人眼中的那个丑女孩。

无论在哪个阶段，小丽都在努力地生活，时刻保持着积极向上的心态，不服输，不气馁，给人一种能量满满的感觉。或许也正因为如此，她朝思暮想的男神，才会同样迷恋着她。

其实，我现在很羡慕我表姐的生活。记得之前她和我说过，她不想随随便便找一个男朋友，她对自己有要求，很清楚自己的未来在哪里，所以希望自己的第一个男朋友能够足够优秀、足够好。

于是为了遇见那个他，为了融入那个她追寻的群体，表姐考研、考博、出国深造，今年二十九岁的她，依旧走在学习的路上。

去年有人劝过她："你年龄也大了，是时候找个合适的人了。"

她是这么回答的："我长得丑，不仅外表丑，内心也丑，暂时不考虑另一半的事，等我变得足够漂亮时，那个适合的人自然而然会出现的。"

很多人不理解表姐，在背后对她指指点点，但貌似表姐说得又不无道理。谁都向往美好的事物，在这个竞争激烈的时代里，只有自己足够好，才配得上不将就的爱情。

今年6月份，表姐如愿遇到了那个人，两个人很合适，那种合适是一种无法用言语形容的默契。两个人的眼神中流露出的深情，述说着对彼此的爱恋。确实啊，没有该结婚的年龄，只有该结婚的感情。

嗯，表姐值得拥有更好的生活，也或许对生活充满期待的人，都能走得很顺利，我祝福她。

04

写到这里，我想起一位小读者给我发来的私信：

“我二十二岁了，长得丑，学习不好，身体还胖，平时自卑到都不敢开口跟男生讲话。我都不知道该怎么办了，总有一种感觉，自己会孤独终老。”

我当时回了一句：“要想脱单，先从改变自己开始。等有一天你自己都超级喜欢自己的时候，你的另一半会悄无声息地出现，带着他满腔的热情，千里迢迢地来找你。”

“我不够好，不配谈恋爱。”

这么多年来，我也曾是这样时刻告诉自己的。我不知道这种思维方式是对是错，但走到今天，我还是很感激曾经丑陋的自己的，她让我每走一步、每当坚持不下去的时候，背后总有一种声音激励着我前行。

比起脱单，我认为努力成为一个由内而外时刻散发着魅力和自信的人才是最重要的。

他不爱你，只想撩你

01

“你今天都干吗了啊？”

“没干吗，但很想你。”

“在吗，能说会儿话吗？”

“你在忙吗？”

“很晚了，记得早点睡觉！”

“晚安。”

在这个快餐式时代，我们不难发现，很多人选择在微信里谈恋爱，在一起的时候是在微信里决定的，分手时也是在微信里说一句："我们就这样吧！"

现在的年轻人，每天抱着手机在谈恋爱，对着屏幕笑，对着屏幕感动……

有一个坚持异地恋三年的朋友对我说，她真的快坚持不下去了，时代在变，我们在变，感情自然也会变。

她的感情状态是这样的：男朋友在微信上很会关心人，会讲很多的甜言蜜语给她听。一见面俩人却没了话题，她喜欢的他不了解，他热爱的她却很讨厌，两个人为了避免争吵，总是低头玩手机。

她问我："我男朋友到底爱不爱我？"

似乎很多姑娘在谈恋爱的过程中，会不断地去探索、猜忌这个问题，就好像是走进了迷宫，不停地想要找到一条正确的出路。

我也不敢肯定她男朋友到底爱不爱她，我只相信日久生情，爱是朝夕相处而产生的，每天在手机上浓情蜜意，一见面就直奔主题的，那不是爱情。

爱情永远来自生活，基于相处和行动之上，用相互陪伴和理解宽容才能融化彼此冰封已久的心。当你爱的人正好也爱你，这才会是真正的爱情。

02

大学时我有一个关系处得不错的学妹。

她高二开始谈恋爱，高考后两人分隔两地，一个留在山西，一个去了东北。他们靠着手机来维持这份感情，自己每天做什么、去哪儿了、明天计划干什么，这些生活的琐事通通会跟对方讲一遍，太想念彼此的时候会打打电话，听听对方的声音。

当时我还觉得这样的恋爱谈得蛮有意义的。

一个大雨滂沱的夜晚，她给我打电话，在电话那头边哭边说："姐，我好难受，我发烧了，现在头晕眼花，一吃东西就想吐。我的室友都回家了，就我一个人，你能来看看我、陪我去趟医院吗？"

我过去后，看见她瘫倒在床上，说话有气无力，连拿手机的力气都没有，很是心疼。

她的手机屏幕亮着，微信来了一条消息，是她远在异地的男朋友发来的，我好奇地扫了一眼对话框：

她："在吗？我生病了，好难受，寝室里一个人都没有，你要在我身边就好了！"

她："你人呢？你怎么不说话？"

他："你多喝热水，去买点药，我在打排位呢！宝贝，打完这一把我就是黄金段位了，我一会儿和你说话，爱你！"

在男生的心目中，自己的女朋友还不如游戏重要，有没有这样的男朋友有什么区别？

我想起金星老师说过的一段话：

"等我女儿长大了，我会告诉她，如果一个男人心疼你挤公交，埋怨你不按时吃饭，提醒你喝酒会伤身体，阴雨天嘱咐你下班回家注意安全，生病时发搞笑短信哄你……请你一定不要理他，然后跟那个可以开车送你、生病陪你、吃饭带你、下班接你、跟你说'破工作别干了'之后就真的甩一张银行卡给你的男人在一起。"

感情不是说说而已，我们早已经过了耳听爱情的年纪，如果有人说爱你，请等到他像爸爸般宠着你的时候再相信；如果他说要娶你，等他跪在你面前向你求婚的那一刻再感动。

o3

有的人喜欢你，即使自己再怎么忙，跨过千山万水也会跑去找你，只因为：你很重要。

爱情并不是几句甜言蜜语，更不是那些嘘寒问暖的假话，纯粹靠言语支撑的感情，就像地基不牢靠的房子般摇摇欲坠。

就像《其实他没那么喜欢你》里说的：真正喜欢你的人，不会让你费尽周折地去找他，他会主动到你的面前来。

如果你遇到的那个人，让你一次又一次主动、一次又一次伤心流泪，纵然你百般不舍，我也希望你果断放手。

他不爱你，只是想撩你。

真正喜欢你的人，不会等着你主动，更不会只在嘴上把爱情说得天花乱坠。这样的爱情，也许会让你心动，但永远不会感动。

我是如何用三个月减肥成功的

01

我之前的样子呢，又胖又丑，还记得我妈调侃我说："脸大脖子粗，未来不是老板就是伙夫。"

当时听了之后我还很得意，傲娇地说："我以后可是要当女老板的人，请你们对我好点。"

当时我的体重应该有一百三十斤左右，给人的第一感觉就是"壮"，像一个男孩子。

2014 年 9 月我上的大学，入学的第一天拍了学生证的照片。

其实我现在看这张照片时，真的有那么一点点陌生。

从 2014 年到 2015 年，在外地上大学的一年时间里，闺密们都说我变化很大。其实一个人的美与丑就在自己手中，看你怎么选择。

02

关于提升自己的外在，我的经验分成以下几点。

第一，控制饮食，拒绝狼吞虎咽。

上大学前，我的饭量很大，而且一心情不好我就喜欢暴饮暴食、胡吃海塞，一天三顿饭之外还会吃很多零食。那时候我的外在形象没人去关心，家长只关心我的学习成绩和营养健康状况。

后来我开始在意别人对自己的看法，再加上父母给的生活费有限，为了变瘦、省钱，我不得不控制饮食。

人要想身材好就要合理安排自己一天的饮食，最好一大能满足二十种不同营养元素的摄入，少盐少油，盐多会黑，油多会胖。

细嚼慢咽，早晨多吃，晚上少吃，坚持一段时间一定会有明显的效果。

当然我不提倡节食减肥，那样就算瘦下去也会很快反弹回来，真正想要减肥，就一定要吃饭，且一定要控制好量。

第二，多走路，经常运动，强身健体。

我在之前的文章里说过，我很能走路。

很多大学生为了减肥去办健身卡，认为办了卡自己就会瘦。其实，减肥也好，健身也罢，都是我们自己的事，你若三天打鱼两天晒网，不能长期坚持，就算你找个私人教练也毫无用处。

肉长在自己身上，我们始终要靠自己才能真正瘦下来。

第三，勤洗脸，多吃水果、多护肤。

现在很多女孩子为了省事，不洗脸直接就睡了，这种习惯一定要改。因为在你睡觉的过程中，毛孔张开，化妆品会渗入皮肤，使黑色素沉淀。所以无论什么时候，睡觉前一定要卸妆洗脸。

对护肤品的选择，我个人认为：贵不一定就好，适合自己的才是最好的。要根据我们的肤质去挑选适合自己的护肤品，这样效果才会好。

保养皮肤，除了外在的补水工作要做到位，内在的身体需求也不容忽视。要根据气候、季节的变化，多喝牛奶，多吃水果，尤其是苹果，美容效果很不错的。

第四，选择一款适合自己的发型。

发型真的很重要，女孩子想要改变形象，第一步，先去剪一个适合自己的发型。

不推荐大家过于折腾自己的头发，痴迷于染各种颜色。我染头发快两年了，根本停不下来，一染再染。

现在我发现，其实头发原本的颜色就非常自然。染得太多后头发会变得干枯没营养，让我总感觉顶了一头杂草。

无论选择什么发型，适合自己就是最好的。

03

最近我看了一个减肥视频，跟大家分享一个科学的新手减肥计划。

①首先要有一个减肥的目标，从体重开始吧，做个计划，计划周期不宜过长，一个月为宜。

②减肥是一个长期的斗争过程，一口吃不成个胖子，同理，跑一次变不成一个瘦子，所以要坚持，至少坚持半年以上才有效果。

③合理饮食，不要暴饮暴食，拒绝高热量食物，以清淡为主。

④减肥最好找一个伙伴，人多力量大，当你意志力减退、打退堂鼓的时候，另一个人可以鼓励你一起坚持下去。

⑤记得分享，现在的运动软件这么多，跑完以后晒一下成绩，朋友的点赞也是对你无声的支持。

当然，做所有事情都离不开两个字：坚持！三天打鱼两天晒网是不行的，提高自己的意志力，再坚持坚持，将来的你定会遇见最好的自己。

这里是不甘心、不向生活低头的小聪，我不知道像我这个年龄时你在做什么，但我想说的是，这个世界一定有另外一个自己，像我这样去生活！